国家林业和草原局知识产权研究中心

木浆行业
专利分析报告

Patent Analysis Report of Wood Pulp Industry

付贺龙 王忠明 马文君 范圣明 ◉ 著

U0351363

中国林业出版社
China Forestry Publishing House

图书在版编目(CIP)数据

木浆行业专利分析报告 / 付贺龙等著. —北京：中国林业出版社，2020.11
ISBN 978-7-5219-0896-1

Ⅰ．①木…　Ⅱ．①付…　Ⅲ．①木浆-专利-研究　Ⅳ．①TS749

中国版本图书馆 CIP 数据核字(2020)第 219296 号

中国林业出版社·自然保护分社(国家公园分社)
策划编辑：刘家玲
责任编辑：刘家玲　甄美子

出　　版：中国林业出版社(100009 北京市西城区德内大街刘海胡同 7 号)
　　　　　网　址：http://www.forestry.gov.cn/lycb.html
　　　　　电　话：83143519　83143616
印　　刷：三河市祥达印刷包装有限公司
版　　次：2020 年 12 月第 1 版
印　　次：2020 年 12 月第 1 次
开　　本：787mm×1092mm　1/16
印　　张：6
字　　数：150 千字
定　　价：39.00 元

《木浆行业专利分析报告》
编辑委员会

前言

　　知识产权在世界范围内已经成为发达国家处理国与国之间政治、经济、科技和贸易的一个重要手段，成为提高科技、经济竞争力的重要武器，也是跨国公司在国际投资与贸易中的"制胜法宝"。各国政府尤其是发达国家政府和企业集团不断加强知识产权信息的分析与研究，力图进一步发挥技术情报在知识产权预警方面的重要作用。

　　随着全球经济一体化进程的加快，我国林业企业的知识产权纠纷时有发生，林产品贸易遇到专利壁垒阻击的案例越来越多。在经济全球化的时代，国外企业凭借手中掌控的核心技术和知识产权获取竞争优势，应引起我们的高度重视。为了解我国木浆行业相关技术发展现状和趋势，国家林业和草原局知识产权研究中心组织开展了全球木浆行业专利分析与核心专利识别研究，从德温特世界专利索引数据库（DWPI）检索并下载了1957—2019年的全球木浆行业相关技术专利16798件，建立了木浆相关技术专题数据库，并进行数据加工整理，对木浆行业相关技术专利的整体状况进行了分析研究，包括发展趋势分析、主要申请人分析、受理国家（地区、组织）分析、国家技术实力分析。本研究采用专利被引数量、同族专利成员数量和权利要求数量3个指标的综合加权分值来识别全球木浆相关技术核心专利，最终筛选出木浆相关技术核心专利文献73件，其中有效专利18件，失效专利44件，国际专利文献11件。根据专利数据分析结果，结合专家意见，进行全球木浆行业核心专利统计分析，并对全球木浆行业主要核心专利的摘要进行了翻译，撰写《木浆行业专利分析报告》。

　　全书共分6章：第1章，概述；第2章，专利总体状况分析；第3章，单指标核心专利分析；第4章，多指标核心专利分析；第5章，核心专利汇编；第6章，总结与建议。主要目的是介绍全球木浆行业专利的基本情况和发展趋势，筛选出木浆行业的核心专利，为我国木浆行业专利的创造、运用、保护和管理提供必要的数据支撑和决策参考。

本报告资料系统、内容翔实，具有较强的科学性、可读性和实用性，可供林业行政管理部门和企事业单位的干部、科研和教学人员参考。由于时间仓促，本书难免有疏漏之处，敬请批评指正。

编辑委员会

2020 年 6 月

目 录

前 言

第 1 章　概述

1.1　研究背景

1.1.1　木浆行业

　　造纸业作为重要的基础原材料产业，在国民经济中占据重要地位，造纸业关系到国家的经济、文化、生产、国防各个方面，其产品用于文化、教育、科技和国民经济的众多领域。纸及纸板消费水平是衡量一个国家经济和文明程度的重要标志，消费量受到全社会各个领域的直接和间接影响，被称为"社会和经济晴雨表"。纸及纸板人均消费量是衡量一个国家综合经济实力的重要指标。

　　我国是传统造纸大国，改革开放以来，伴随国民经济的持续快速发展，中国造纸行业也逐步经历着从早期的产能分散、工艺粗放式生产向集约型发展模式的过渡。通过引进技术装备与国内自主创新相结合，中国造纸行业部分优秀企业已完成由传统造纸业向现代造纸业的转变，步入世界先进造纸企业行列。同时，中国也成为全球纸品产销大国，造纸总产量和消费量已经跃居世界首位。随着我国社会和经济的发展，各类纸类的产品消费迅速增长，进口增加，为造纸工业的发展提供了广阔市场。根据国家统计局数据显示，2019 年全国纸和纸板产量为 10765 万吨，但 2019 年我国纸张消费总量为 10704 万吨。我国纸及纸板生产主要集中在广东、山东、浙江以及江苏等东部沿海省份。根据中国造纸协会调查资料，2019 年，我国东部地区 11 个省（自治区、直辖市），纸及纸板产量为 7997 万吨，占全国纸及纸板产量比例为 74.3%；中部地区 8 个省（自治区）产量为 1756 万吨，占比为16.3%；西部地区 12 个省（自治区、直辖市）产量为 1012 万吨，占比为 9.4%。从整体来看，我国造纸企业数量多而规模小，行业集中度不高，重复建设的现象较严重，行业核心竞争力不强。对比成熟市场，我国造纸行业产业集中度差距非常明显。

　　从广义来看，造纸业包括从纸浆制造、造纸和纸制品制造等；即造纸产业其实是以一个产业链形式存在，即"加工生产纸浆—用纸浆造纸—纸或纸板进一步加工"一个完整的环节。从狭义来看，造纸业仅指用纸浆或其他原料（如矿渣棉、云母、石棉等）悬浮在流体中的纤维，经过造纸机或其他设备成型，或手工操作而成的纸及纸板的制造，即机制纸及纸板制造、手工纸制造和加工纸制造三类。

造纸的原材料主要包括木浆、非木浆、废纸浆。木浆是以木材为原料制成的纸浆。造纸纸浆目前以使用木浆为主，约占纸浆量的 90% 以上，木浆不只用于造纸，也广泛地用于其他工业部门。从国际造纸工业来看，越来越多大国家选择以木材为原料制浆造纸。国产木浆发展长期受到资源匮乏的限制，我国森林面积 2.20 亿公顷，约占世界森林总面积的 4%，森林覆盖率仅为 22.96%。受国内木材资源限制，国内大型木浆生产企业较少，严重依赖进口，我国是世界上最大的木浆进口国，我国进口的商品浆主要来自加拿大、美国、俄罗斯、芬兰、瑞典、印尼、巴西等多个国家。在经济全球化和国际竞争日益激烈的今天，自主知识产权已经成为决定企业生死存亡的关键性因素，提高企业自主研发能力，加强知识产权管理，学会运用法律等手段保护属于自己的核心技术，是国内木浆相关技术企业发展的首要任务。

1.1.2　核心专利识别

核心专利识别是专利分析的重要内容之一，它在当前国家创新战略的实施中有着重要的意义。核心专利识别有助于国家和企业确定研发战略的方向与重点，对企业把握研发重点、发现市场机会、强化标准战略、保护核心技术提供支持，并能够激发研究技术人员的创新灵感，促进创新活动的成功。核心专利识别是一项非常复杂的工作。由于专利信息数量庞大、格式特殊、数据处理复杂，加之缺乏清晰明确的核心专利概念，不同学者提出的识别方法以及利用的工具之间有一定的差异，导致识别结果也有很大不同，这些都为核心专利识别带来了极大的困难。

关于核心专利的概念，学术界目前尚没有一个精确明晰的定义。普遍认为，核心专利就是指制造某个技术领域的某种产品必须使用的技术所对应的专利，而不能通过一些"规避设计手段绕开"，或被称为"绕不开的专利"。一般来说，核心专利应该包含四层含义：第一，核心专利必须是原创性技术，是某一技术领域的首创，具有引领新技术发展能力和作用；第二，核心专利要具有不可替代性，或因替代成本巨大不具有可行性，这就要求核心专利具备原理设计科学优化、实施过程巧妙新颖、技术范围涵盖广阔等优点；第三，核心专利还蕴含着重大战略意义，比如，占据高新产业绝对技术优势、蕴藏丰厚经济效益等；第四，核心专利并不一定是单个专利，还有可能在技术不断演进或竞争合作而形成的专利组合。根据以上定义描述，可以大致概括核心专利的特征：一是核心专利一般引用的专利少，而被引用频次较高；二是核心专利的专利家族数较大，因为核心专利垄断了核心技术后会尽最大可能占领更多的市场，因而会在更多国家制定申请；三是核心专利权利要求项会比较多；四是核心专利的申请更受重视，比如，政府会提供专项支持，申请人和发明人数量较多等；五是核心专利更容易引起专利纠纷或出现交叉许可现象；六是核心专利被引入技术标准的可能性高。当然核心专利的特征还包括引用科技文献数量较多、专利维持期限较长、专利实施率高等特点。但以上几点代表了核心专利的最主要属性，也是目前学者研究核心专利的出发点。

1.1.3　研究意义

对全球范围内的木浆行业相关专利进行全面分析和核心专利识别，摸清木浆相关专利的全球分布，了解主要竞争对手，挖掘并分析核心专利，使我国木浆技术的相关企业对木浆的竞争环境有一个较为全面和客观的认识，对木浆技术的核心专利情况有一个全面和深入的了解，有效地根据企业自身情况进行技术创新，增强企业国际竞争力。

1.2　研究方法

1.2.1　数据检索

全球木浆行业专利文献采集的数据来源是德温特世界专利索引数据库（Derwent World Patents Index，DWPI），采集日期为 2020 年 5 月 1 日。DWPI 是全球高附加值的深加工专利数据库。该数据库收录了来自世界各地超过 52 家专利授予机构提供的增值专利信息，涵盖 3900 多万项发明（Basic Records/patent families）和 8000 多万条同族专利（截至 2019 年 1 月），每周更新并回溯至 1963 年，为研究人员提供世界范围内的化学、电子与电气以及工程技术领域内综合全面的发明信息，是检索全球专利最权威的数据库。DWPI 收录的中国专利文献包括发明和实用新型两种类型。

通过阅读木浆相关的专利文献和理论文献，并结合专家建议，确定了与木浆相关的英文关键词和国际专利分类号（IPC），采用关键词与分类号相结合的方式，通过多次预检，确定了最终的全球木地板专利检索式，如下：

（1）题名或摘要＝（（（wood or wooden）and pulp）or（（hardwood or softwood）adj pulp））

（2）IPC＝（D21B1/00 or D21C3/00 or D21C9/00 or D21D1/00 or D21D5/00 or D21H11/00 or D21H13/00 or D21H15/00）NOT（D21H11/12 or D21C5/02 or D21B1/08 or D21B1/32）

相关 IPC 释义如下。

D21B1/00：纤维原料或其机械处理。

D21C3/00：含纤维素原料制浆。

D21C9/00：纤维素纸浆，例如，木浆或棉短绒的后处理。

D21D1/00：打浆或精浆方法；荷兰式打浆机。

D21D5/00：用机械方法精制纸浆悬浮液；此类精制设备。

D21H11/00：只包含天然的纤维素或木化纤维素纤维的纸浆或纸。

D21H13/00：包含合成纤维素或非纤维素纤维或成纸材料的纸浆或纸。

D21H15/00：包括不以其化学组成为特征的纤维或成纸材料的纸浆或纸。

D21H11/12：非木本植物或庄稼，如棉花、亚麻、各草类或甘蔗渣。

D21C5/02：加工废纸。

D21B1/08：纤维原料或其机械处理，原料是废纸；原料是破布。

D21B1/32：纤维原料或其机械处理废纸。

检索获得全球木浆专利文献 16798 件，按 INPADOC（国际专利文献中心，International Patent Documentation Center）同族合并后共 4982 项专利。

1.2.2　分析方法与工具

目前，最常见的核心专利识别的方法主要有 2 种，一是基于专家智慧的识别方法；二是基于专利技术、经济和法律属性的指标识别方法，包括基于专利引文的识别方法、基于同族专利大小的识别方法、基于专利权利要求数量的识别方法、基于 IPC 分类号的识别方法、基于专利诉讼的识别方法、基于多指标体系的识别方法，等等。

国外学者主要通过专利引文、同族专利数量、权利要求数及专利诉讼 4 个指标来识别核心专利，国内学者主要通过专利引文、同族专利大小、布拉德福德定律和综合指标来识别核心专利。

本研究采用专利引文、同族专利数量和权利要求数 3 个指标的综合加权计算来识别核心专利。

①基于被引频次的识别方法。一些专家认为通过分析专利的被引频次能够识别出核心专利。专利对科学论文和现有技术的引用体现了科学和技术的发展规律，同样体现了科学、技术累积的连续性与技术传承性，还体现了学科之间及技术领域间的交叉和渗透。国外学者高度关注和重视专利引文的价值，尤其重视专利被引频次。

②基于同族专利数量的识别方法。另一些专家是通过比较同族专利规模来识别核心专利的。由于随着申请专利保护国家数量的增加，专利成本也在增加，因此所申请的专利必须具有高经济价值、高技术质量的特性，也就是与核心技术相关的专利。总之，如果一项技术申请了大量同族专利，就能在一定程度上反映出这项技术的重要性，我们可以借助同族专利数量来确定技术领域的专利价值量，同族专利数量越大，专利价值就越高，从而是该领域核心专利的可能性就越大。

③基于权利要求项数量的识别方法。权利要求数量也被认为是识别核心专利的一个视角。专利的每一项权利要求都是由若干技术特征组合而成。专利法明确规定了发明或者实用新型专利的保护范围以其权利要求书的内容为准。由此可见，专利要求保护的权利要求项数量越多，专利的技术特征就越多，相应地专利也就越重要越有价值。权利要求数量包括独立权利要求数量和从属权利要求的数量，既反映了专利的保护范围，又在一定程度上反映了专利质量。

本研究采用科睿唯安公司的专利分析系统 Derwent Innovation（DI）、Derwent Data Analyzer（DDA）、智慧芽专利分析系统。

第 2 章　专利总体状况分析

2.1　总量分析

　　截至 2020 年 5 月 1 日，全球已公开的木浆专利文献共 16798 件，按 INPADOC 同族合并后基本专利共 4982 项。平均每件基本专利拥有 3.4 个同族成员。中国申请人拥有专利文献 3446 件，按 INPADOC 同族合并后基本专利共 2682 项，平均每件基本专利拥有 1.3 个同族成员，明显低于全球平均水平，这表明中国申请人的木浆专利主要局限于本地，海外申请较少(图 2-1)。

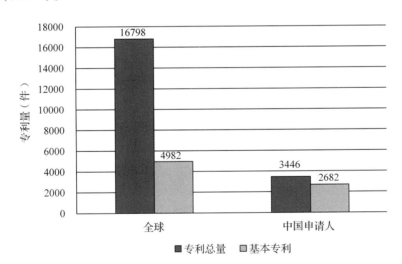

图 2-1　全球木浆相关技术专利量

2.2　发展趋势分析

　　本项分析是基于专利申请时间进行的。一般来说，专利从申请到公开有 18 个月的时间滞后，因此 2018 年和 2019 年申请的专利文献数据不全，在进行专利申请趋势分析时仅供参考。

通过专利申请趋势分析表明(图2-2),1957—1970年是全球木浆技术发展的萌芽期,专利文献量和基本专利量均不多,企业进行了少量海外专利布局;1971—2000年是木浆技术的快速发展期,专利文献量快速增长,基本专利量增长缓慢,企业的海外专利布局活动比较活跃;2001年至今是木浆技术稳定发展期,专利文献量保持稳定而基本专利量仍然保持持续增长状态,这一现象的产生主要是由于中国申请人的基本专利量呈现大幅增加,但是海外专利布局较少,因此总体专利文献量并未呈现快速增长态势。

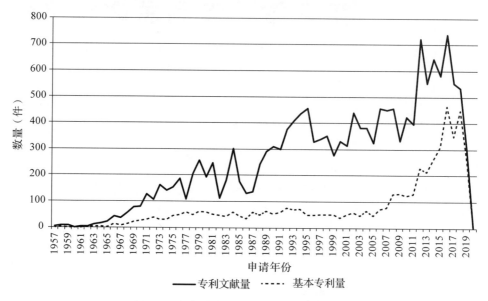

图2-2　全球木浆相关技术专利年度申请量

2.3　受理国家(地区、组织)分析

通过国家(地区、组织)专利申请受理量的分析,可以反映出全球木浆专利的分布情况。

从受理总量来看(图2-3),全球木浆专利申请主要集中在中国、美国、日本和欧洲专利局,其受理量分别为3771件、2033件、1709件和1280件。这4个地区的受理量之和占全球受理总量的52.35%。其他排名前10位的国家(地区、组织)依次是加拿大(876件)、世界知识产权组织(772件)、德国(732件)、芬兰(726件)、澳大利亚(571件)、挪威(425件)。排名前10位的国家的受理量之和占全球总量的76.77%,表明这些国家和地区是全球木浆专利权人的主要布局地区。

从主要受理国家(地区、组织)的年度分布来看(图2-4),受理量排名前10位的国家中除了中国以外,其他国家自1991以来年度受理量一致保持相对稳定;中国受理量自2012年开始迅猛增长,明显多于其他国家。

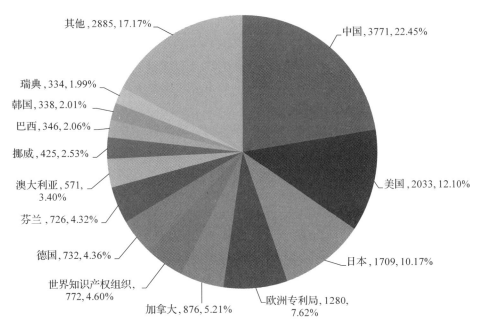

图 2-3 全球木浆相关技术专利主要受理国家(地区、组织)分布

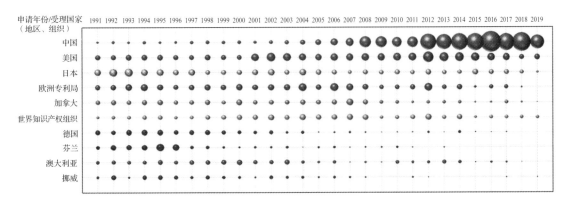

图 2-4 全球木浆相关技术专利主要受理国家(地区、组织)年度分布

2.4 各国技术实力分析

各国优先权专利情况和专利家族情况能从一定程度上反映出各国的技术实力。对全球木浆优先权专利量排名前 10 位的国家和地区进行分析,优先权专利量统计按照最早优先权统计。数据表明(表 2-1),全球木浆优先权专利量排名第 1 的是美国,共 7426 件,遥遥领先于其他国家,其次是中国(3426 件)和日本(1604 件),排名前 3 位的国家和地区其优先权专利量之和占全球专利总量的 74.15%。优先权总量排名前 10 位的其他国家还依次包括瑞典(797 件)和德国(637 件)、英国(598 件)、芬兰(575 件)、欧洲(276 件)、加拿大(173 件)、奥地利(168 件)。优先权总量排名前 10 位的国家中奥地利和瑞典每件基本专利的平均同族成员数量最高,分别为 15.3 和 11.7,其次是芬兰(11.1)、美国(9.9)、欧洲(9.9)、英国(9.2)，表明这几个国家的技术实力较强，专利权人进行了许多海外专利布局，专利具有较高的价值。总体来看，美国是技术实力最强的地区，其次是中国，再次是瑞典和芬兰。尽管中国的优先权专利量是最多的，但是每件基本专利的平均同族成员数量却是最低的，仅为1.3，这表明中国的海外专利布局量非常少，专利申请主要局限于本国。

表 2-1　全球木浆主要国家(地区)技术实力对比

排序	优先权国家(地区)	优先权专利总量(件)	优先权专利量占比(%)	优先权基本专利量(件)	平均同族成员数量
1	美国	7426	44.21	752	9.9
2	中国	3426	20.40	2689	1.3
3	日本	1604	9.55	748	2.1
4	瑞典	797	4.74	68	11.7
5	德国	637	3.79	115	5.5
6	英国	598	3.56	65	9.2
7	芬兰	575	3.42	52	11.1
8	欧洲	276	1.64	28	9.9
9	加拿大	173	1.03	57	3.0
10	奥地利	168	1.00	11	15.3

从主要优先权国家(地区)的年度分布来看(图2-5)，优先权量排名前10位的国家中，除美国和中国之外，其他国家自1991以来优先权量一致保持相对稳定；美国自1991—2007年一直保持较高的优先权量，2008年优先权量开始减少；中国优先权量自2008年开始迅猛增长，明显多于其他国家和地区。

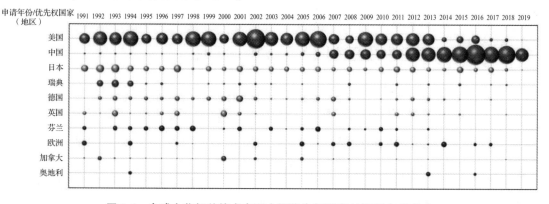

图 2-5　全球木浆相关技术专利主要优先权国家(地区)年度分布

2.5　主要申请人分析

对全球木浆专利主要申请人进行分析(表2-2)，对重点企业和机构的不同别名、译名、母公司和子公司名称进行规范和统一。数据表明：排名前10位的申请人中，美国企业6

个，奥地利、瑞典、日本和芬兰企业各 1 个。排名前 6 位的均为美国企业，排名第 1 的是美国的 GEORGIA PACIFIC 公司，其专利文献共 691 件，占全球木浆专利的 4.11%，其次是美国的 INTERNATIONAL PAPER 公司（564 件，3.36%）、PROCTER & GAMBLE 公司（480 件，2.86%）、WEYERHAEUSER 公司（455 件，2.71%）、DANISCO A/S 公司（361件，2.15%）、KIMBERLY-CLARK 公司（309 件，1.84%）。这 6 家公司的专利量之和占全球木浆专利总量的 17.03%，是全球木浆的最主要竞争者，近 5 年来这 6 家企业的木浆专利研发依旧活跃。排名前 10 位的其他申请人近 5 年来木浆专利研发依然十分活跃的企业包括奥地利的 ANDRITZAG 公司、日本的 OJI HOLDINGS 公司和芬兰的 VALMET 公司。

从主要申请人的中美欧专利布局来看，排名前 10 位的申请人中除了瑞典、日本和芬兰的 3 家企业以外，其他企业都十分重视中、美、欧 3 个地区的专利布局，申请了大量专利。排名前 10 位的申请人中除了瑞典和芬兰企业外，其他企业均在中国进行了专利布局，因此国内木浆市场也需谨慎，避免侵权。

表 2-2　全球木浆相关技术专利主要申请人

排名	国家	申请人	专利文献量（件）	百分比（%）	近 5 年专利量（件）	近 5 年百分比（%）	中美欧洲专利布局（件）		
							中国	美国	欧洲
1	美国	GEORGIA PACIFIC CO	691	4.11	87	3.07	27	225	72
2	美国	INTERNATIONAL PAPER CO	564	3.36	28	0.99	17	141	73
3	美国	PROCTER & GAMBLE CO	480	2.86	67	2.37	8	99	40
4	美国	WEYERHAEUSER CO	455	2.71	12	0.42	30	101	58
5	美国	DANISCO A/S	361	2.15	4	0.01	13	66	65
6	美国	KIMBERLY-CLARK CO	309	1.84	28	0.99	14	50	39
7	奥地利	ANDRITZ AG	301	1.79	20	0.71	5	29	23
8	瑞典	MO OCH DOMSJO AB	216	1.29	0	0	0	11	0
9	日本	OJI HOLDINGS CO	197	1.17	13	0.46	2	4	1
10	芬兰	VALMET CO	185	1.10	8	0.28	0	21	13

对专利总量排名前 10 位的申请人进行专利量的年度申请分析（图 2-6）表明，排名前 6

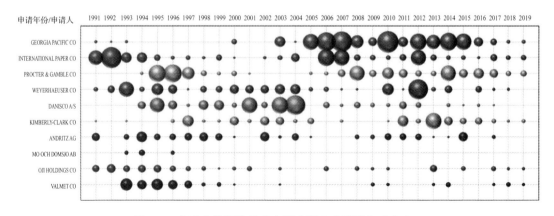

图 2-6　全球木浆相关技术主要申请人专利量年度分布

位的美国公司都比较重视木浆技术研发。其中排在第一位的 GEORGIA PACIFIC 公司自 2004 年开始木浆技术快速发展，专利研发活动活跃；排在第二位的 INTERNATIONAL PA-PER 公司自 20 世纪 90 年代开始重视木浆技术研发，而且一直持续关注专利研发至今；排在第三位的 PROCTER & GAMBLE 公司自 2007 年也一直注重木浆技术研发，研发活动一直比较活跃。

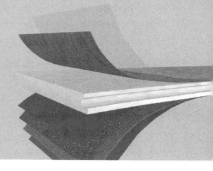

第 3 章　单指标核心专利分析

3.1　按专利被引证数量统计

全球木浆专利中，被引证次数大于100的专利文献共194件（表3-1），这些专利文献是木浆行业中的重要专利。高被引专利主要掌握在 WEYERHAEUSER 公司手中，共35件高被引专利，占高被引专利总量的18.04%，其次是 INTERNATIONAL PAPER 公司（14件，7.22%）和 DANISCO 公司（10件，5.15%）。这3家企业是木浆行业的主要竞争者，占据了30.41%的高被引专利。

表 3-1　全球木浆专利按被引次数排名

排序	公开号	标题	申请人	公开日期	INPADOC 同族专利 ID	被引次数
1	US4100324A	Nonwoven fabric and method of producing same	KIMBERLY-CLARK CO	1978-07-11	19780711US 4100324A_	2029
2	WO2005001036A2	Novel trichoderma genes	DANISCO A/S	2005-01-06	20050106CA 2525333A1	367
3	US5432000A	Binder coated discontinuous fibers with adhered particulate materials	WEYERHAEUSER CO	1995-07-11	19900920CA 2012524A1	366
4	US6416651B1	Multi-electrode composition measuring device and method	HONEYWELL INC	2002-07-09	20000831CA 2362568A1	272
5	US4755421A	Hydroentangled disintegratable fabric	GEORGIA PACIFIC CO	1988-07-05	19880705US 4755421A_	265
6	US4808467A	High strength hydroentangled nonwoven fabric	FIBERWEB NORTH AMERICA INC	1989-02-28	19880914DK 198805109D0	264
7	US6268328B1	Variant EGIII-like cellulase compositions	DANISCO A/S	2001-07-31	20000629CA 2355604A1	238
8	US5300192A	Wet laid fiber sheet manufacturing with reactivatable binders for binding particles to fibers	WEYERHAEUSER CO	1994-04-05	19940303CA 2140263A1	233

（续）

排序	公开号	标题	申请人	公开日期	INPADOC 同族专利 ID	被引次数
9	WO1999031255A2	Novel EGIII-like enzymes, dna encoding such enzymes and methods for producing such enzymes	DANISCO A/S	1999-06-24	19990624CA 2315017A1	204
10	WO2004016760A2	Novel variant hyprocrea jecorina CBH1 cellulases	DANISCO A/S	2004-02-26	20040226CA 2495664A1	199
11	US5308896A	Particle binders for high bulk fibers	WEYERHAEUSER CO	1994-05-03	19940303CA 2140263A1	194
12	US4108574A	Apparatus and method for the indirect measurement and control of the flow rate of a liquid in a piping system	INTERNATIONAL PAPER CO	1978-08-22	19780822US 4108574A_	184
13	US5614570A	Absorbent articles containing binder carrying high bulk fibers	WEYERHAEUSER CO	1997-03-25	19940303CA 2140263A1	176
14	US3554862A	Method for producing a fiber pulp sheet by impregnation with a long chain cationic debonding agent	RIEGEL TEXTILE CO	1971-01-12	19670821BE 694400A_	176
15	US4775579A	Hydroentangled elastic and nonelastic filaments	FIBERWEB NORTH AMERICA INC	1988-10-04	19881004US 4775579A_	173
16	WO1999006574A1	Enzymes de l'aspergillus degradant la cellulose	ROYAL DSM NV	1999-02-11	19990211CA 2298885A1	169
17	US5609727A	Fibrous product for binding particles	WEYERHAEUSER CO	1997-03-11	19940303CA 2140263A1	169
18	US4578070A	Absorbent structure containing corrugated web layers	SCA INCONTINENCE CARE NORTH AMERICA INC	1986-03-25	19840814DK 198403900D0	165
19	US4431481A	Modified cellulosic fibers and method for preparation thereof	KIMBERLY-CLARK CO	1984-02-14	19831005EP 90588A1	164
20	WO2005028636A2	Novel CBH1 homologs and variant CBH1 cellulases	DANISCO A/S	2005-03-31	20040226CA 2495664A1	163
21	US6400308B1	High performance vehicle radar system	GENTHERM INC	2002-06-04	19990826WO 1999042652A1	162
22	WO2004048592A2	Beta-glucosidase BGl7 et acides nucleiques codant cette sequence	DANISCO A/S	2004-06-10	20040527US 20040102619A1	155
23	US6069581A	High performance vehicle radar system	GENTHERM INC	2000-05-30	19990826WO 1999042652A1	154
24	US4432833A	Pulp containing hydrophilic debonder and process for its application	KIMBERLY-CLARK CO	1984-02-21	19810519IT 198148494D0	152

（续）

排序	公开号	标题	申请人	公开日期	INPADOC 同族专利 ID	被引次数
25	US6232910B1	High performance vehicle radar system	GENTHERM INC	2001-05-15	19990826WO 1999042652A1	150
26	US5589256A	Particle binders that enhance fiber densification	WEYERHAEUSER CO	1996-12-31	19940303CA 2140263A1	147
27	US5498478A	Polyethylene glycol as a binder material for fibers	WEYERHAEUSER CO	1996-03-12	19900920CA 2012524A1	147
28	US4717742A	Reinforced polymer composites with wood fibers grafted with silanes-grafting of celluloses or lignocelluloses with silanes to reinforce the polymer composites	BESHAY A D	1988-01-05	19880105US 4717742A_	144
29	US5547541A	Method for densifying fibers using a densifying agent	WEYERHAEUSER CO	1996-08-20	19940303CA 2140263A1	142
30	US6664446B2	Transgenic plants comprising polynucleotides encoding transcription factors that confer disease tolerance	SEMINIS VEGETABLE SEEDS INC	2003-12-16	19980312WO 1998009521A1	141
31	US5807364A	Binder treated fibrous webs and products	WEYERHAEUSER CO	1998-09-15	19940303CA 2140263A1	136
32	US6471824B1	Carboxylated cellulosic fibers	INTERNATIONAL PAPER CO	2002-10-29	20000706WO 2000039389A1	132
33	US4892941A	Porphyrins	CLARIANT AG	1990-01-09	19881020WO 1988007988A1	129
34	US5352480A	Method for binding particles to fibers using reactivatable binders	WEYERHAEUSER CO	1994-10-04	19940303CA 2140263A1	125
35	US3554863A	Cellulose fiber pulp sheet impregnated with a long chain cationic debonding agent	RIEGEL TEXTILE CO	1971-01-12	19670821BE 694400A_	125
36	US6417428B1	Plant having altered environmental stress tolerance	MICHIGAN STATE UNIVERSITY	2002-07-09	19980312WO 1998009521A1	124
37	US6379494B1	Method of making carboxylated cellulose fibers and products of the method	INTERNATIONAL PAPER CO	2002-04-30	20010426CA 2384701A1	122
38	US5547745A	Particle binders	WEYERHAEUSER CO	1996-08-20	19940303CA 2140263A1	121
39	US6579414B2	Method for enhancing the softness of a fibrous web	INTERNATIONAL PAPER CO	2003-06-17	20000706WO 2000039389A1	119
40	US5202247A	Cellulose binding fusion proteins having a substrate binding region of cellulase	UNIVERSITY OF BRITISH COLUMBIA	1993-04-13	19900125WO 1990000609A1	118

（续）

排序	公开号	标题	申请人	公开日期	INPADOC 同族专利 ID	被引次数
41	US6592717B2	Carboxylated cellulosic fibrous web and method of making the same	WEYERHAEUSER CO	2003-07-15	20000706WO 2000039389A1	117
42	US6579415B2	Method of increasing the wet strength of a fibrous sheet	WEYERHAEUSER CO	2003-06-17	20000706WO 2000039389A1	117
43	US5230959A	Coated fiber product with adhered super absorbent particles	WEYERHAEUSER CO	1993-07-27	19900920CA 2012524A1	117
44	US4952278A	High opacity paper containing expanded fiber and mineral pigment	WEYERHAEUSER CO	1990-08-28	19900524FI 902598A0	116
45	US20070215300A1	Solvents for use In the treatment of lignin-containing materials	VIRIDIAN CHEM PTY LTD	2007-09-20	20030828AU 2003904323A0	116
46	US20030208175A1	Absorbent products with improved vertical wicking and rewet capability	BUCKEYE TECHNOLOGIES INC	2003-11-06	20001130CA 2372937A1	116
47	US4590114A	Stabilized absorbent structure containing thermoplastic fibers	MCNEIL PPC	1986-05-20	19860520US 4590114A_	115
48	US5571618A	Reactivatable binders for binding particles to fibers	WEYERHAEUSER CO	1996-11-05	19940303CA 2140263A1	115
49	US6582557B2	Fibrous composition including carboxylated cellulosic fibers	WEYERHAEUSER CO	2003-06-24	20000706WO 2000039389A1	115
50	US4820749A	Reinforced polymer composites with wood fibers grafted with silanes	BESHAY A D	1989-04-11	19880105US 4717742A_	112
51	US5543215A	Polymeric binders for binding particles to fibers	WEYERHAEUSER CO	1996-08-06	19940303CA 2140263A1	112
52	US5447977A	Particle binders for high bulk fibers	WEYERHAEUSER CO	1995-09-05	19940303CA 2140263A1	110
53	US5693411A	Binders for binding water soluble particles to fibers	WEYERHAEUSER CO	1997-12-02	19940303CA 2140263A1	109
54	US6341462B2	Roofing material	ELK CORPORATION OF ALABAMA	2002-01-29	20000713CA 2358055A1	109
55	US5886306A	Layered acoustical insulating web	KG FIBERS INC	1999-03-23	19990323US 5886306A_	107
56	WO2006125517A1	Process of bleaching	UNILEVER	2006-11-30	20061130AU 2006251406A1	107
57	US5538783A	Non-polymeric organic binders for binding particles to fibers	WEYERHAEUSER CO	1996-07-23	19940303CA 2140263A1	107
58	US5891859A	Method for regulating cold and dehydration regulatory genes in a plant	MICHIGAN STATE UNIVERSITY	1999-04-06	19980312WO 1998009521A1	107

（续）

排序	公开号	标题	申请人	公开日期	INPADOC 同族专利 ID	被引次数
59	US4248743A	Preparing a composite of wood pulp dispersed in a polymeric matrix	SOLUTIA INC	1981-02-03	19810203US 4248743A_	105
60	US4023737A	Spiral groove pattern refiner plates	WESTROCK CO	1977-05-17	19770517US 4023737A_	100
61	EP440472A1	High bulking resilient fibers through cross linking of wood pulp fibers with polycarboxylic acids	FORT JAMES CO	1991-08-07	19910131FI 910467A0	99
62	US6524348B1	Method of making carboxylated cellulose fibers and products of the method	INTERNATIONAL PAPER CO	2003-02-25	20010426CA 2384701A1	99
63	US5747621A	Reactor blend polypropylene, process for the preparation thereof and process for preparing metallocene ligands	BASELL N V	1998-05-05	19941220IT 1994MI2566D0	99
64	EP308320A2	High strength nonwoven fabric	AVINTIV INC	1989-03-22	19880914DK 198805109D0	97
65	US4082886A	Liquid absorbent fibrous material and method of making the same	JOHNSON & JOHNSON	1978-04-04	19780404US 4082886A_	97
66	US3395708A	Method for improving a fluffed fibrous wood pulp batt for use in sanitary products and the products thereof	RIEGEL TEXTILE CO	1968-08-06	19670821BE 694400A_	96
67	US5021093A	Cement/gypsum composites based cellulose-I	BESHAY A D	1991-06-04	19880105US 4717742A_	95
68	US4931201A	Wiping cloth for cleaning non-abrasive surfaces	COLGATE-PALMOLIVE CO	1990-06-05	19890831DK 198904325D0	94
69	US5641561A	Particle binding to fibers	WEYERHAEUSER CO	1997-06-24	19940303CA 2140263A1	93
70	US5195684A	Screenless disk mill	CURT G JOA INC	1993-03-23	19930323US 5195684A_	92
71	US5094717A	Synthetic fiber paper having a permanent crepe	GEORGIA PACIFIC CO	1992-03-10	19920310US 5094717A_	92
72	US6559081B1	Multifunctional fibrous material with improved edge seal	GEORGIA PACIFIC CO	2003-05-06	20001130CA 2372937A1	92
73	US5892009A	DNA and encoded protein which regulates cold and dehydration regulated genes	MICHIGAN STATE UNIVERSITY	1999-04-06	19980312WO 1998009521A1	92

（续）

排序	公开号	标题	申请人	公开日期	INPADOC 同族专利 ID	被引次数
74	EP303528A1	Hydro-entangled disintegrable fabric comprises wood pulp fibres and regenerated cellulose or other synthetic fibres	FORT JAMES CO	1989-02-15	19880705US 4755421A_	90
75	US6254724B1	Inhibition of pulp and paper yellowing using nitroxides, hydroxylamines and other coadditives	CIBA HOLDING AG	2001-07-03	19990125ZA 199806521B_	90
76	US5137819A	Cellulose binding fusion proteins for immobilization and purification of polypeptides	UNIVERSITY OF BRITISH COLUMBIA	1992-08-11	19900125WO 1990000609A1	88
77	US4141509A	Bale loader for fluff generator	CURT G JOA INC	1979-02-27	19790104IT 197947523D0	87
78	US7497266B2	Arrangement and method for controlling and regulating bottom hole pressure when drilling deepwater offshore wells	ENHANCED DRILLING AS	2009-03-03	20030320CA 2461639A1	87
79	WO2010138941A2	Modified cellulose from chemical kraft fiber and methods of making and using the same	GEORGIA PACIFIC CO	2010-12-02	20101202CA 2763024A1	85
80	US4003752A	Magnesia cement composition, process of its manufacture, and composite comprising same	ASAHI KASEI CO	1977-01-18	19751201JP 50149717A_	84
81	US5803270A	Methods and apparatus for acoustic fiber fractionation	GEORGIA INSTITUTE OF TECHNOLOGY	1998-09-08	19980908US 5803270A_	83
82	WO2005017252A1	Solvents for use in the treatment of lignin-containing materials	VIRIDIAN CHEM PTY LTD	2005-02-24	20030828AU 2003904323A0	82
83	US5789326A	Particle binding to fibers	WEYERHAEUSER CO	1998-08-04	19940303CA 2140263A1	82
84	US6083733A	Thermostable xylanases	DANISCO A/S	2000-07-04	19951221CA 2168344A1	82
85	US4129132A	Fibrous material and method of making the same	JOHNSON & JOHNSON	1978-12-12	19780328US 4081582A_	81
86	US5759840A	Modification of xylanase to improve thermophilicity, alkalophilicity and thermostability	NATIONAL RESEARCH COUNCIL OF CANADA	1998-06-02	19980309CA 2210247A1	81
87	US5375306A	Method of manufacturing homogeneous non-woven web	GEORGIA PACIFIC CO	1994-12-27	19920409CA 2070773A1	81
88	US20040238177A1	Arrangement and method for regulating bottom hole pressures when drilling deepwater offshore wells	FOSSLI B	2004-12-02	20030320CA 2461639A1	81

（续）

排序	公开号	标题	申请人	公开日期	INPADOC 同族专利 ID	被引次数
89	WO2001029309A1	Method of making carboxylated cellulose fibers and products of the method	WEYERHAEUSER CO	2001-04-26	20010426CA 2384701A1	80
90	US4425126A	Fibrous material and method of making the same using thermoplastic synthetic wood pulp fibers	JOHNSON & JOHNSON	1984-01-10	19840110US 4425126A_	80
91	US4900620A	Ink jet recording sheet	OJI HOLDINGS CO	1990-02-13	19881116GB 198823583D0	80
92	US4806203A	Method for alkaline delignification of lignocellulosic fibrous material at a consistency which is raised during reaction	AIR PRODUCTS AND CHEMICALS INC	1989-02-21	19860828WO 1986004938A1	80
93	US7264058B2	Arrangement and method for regulating bottom hole pressures when drilling deepwater offshore wells	ENHANCED DRILLING AS	2007-09-04	20030320CA 2461639A1	80
94	US5756220A	Object to be checked for authenticity and a method for manufacturing the same	NHK SPRING CO LTD	1998-05-26	19950607EP 656607A2	79
95	US4609431A	Non-woven fibrous composite materials and method for the preparation thereof	CONGOLEUM CO	1986-09-02	19860717PT 81784A_	78
96	US5672418A	Particle binding to fibers	WEYERHAEUSER CO	1997-09-30	19940303CA 2140263A1	78
97	US3772144A	Apparatus and method for thickening and washing suspensions containing fibrous material	INGERSOLL-RAND CO	1973-11-13	19721102DE 2212206A1	78
98	US6705325B1	Apparatus for making cigarette with burn rate modification	R J REYNOLDS TOBACCO CO	2004-03-16	20040316US 6705325B1	77
99	US5437908A	Bathroom tissue and process for producing the same	CRECIA KK	1995-08-01	19930303CA 2077239A1	76
100	US3969201A	Electrolytic production of alkaline peroxide solutions	UNIVERSITY OF BRITISH COLUMBIA	1976-07-13	19760713US 3969201A_	75
101	US4442161A	Woodpulp-polyester spunlaced fabrics	DUPONT DE NEMOURS INC	1984-04-10	19840410US 4442161A_	74
102	US5998032A	Method and compositions for enhancing blood absorbence by superabsorbent materials	WEYERHAEUSER CO	1999-12-07	19940303CA 2140263A1	73
103	WO1998009521A1	DNA and encoded protein which regulates cold and dehydration regulated genes	MICHIGAN STATE UNIVERSITY	1998-03-12	19980312WO 1998009521A1	73

（续）

排序	公开号	标题	申请人	公开日期	INPADOC 同族专利 ID	被引次数
104	US20090084509A1	Dissolution of cellulose in mixed solvent systems	WEYERHAEUSER CO	2009-04-02	20090402US 20090084509A1	72
105	US20010050153A1	Process employing magnesium hydroxide in peroxide bleaching of mechanical pulp	LOCKHEED MARTIN CO	2001-12-13	20010802CA 2379691A1	72
106	US6251224B1	Bicomponent mats of glass fibers and pulp fibers and their method of manufacture	OWENS CORNING	2001-06-26	20010215CA 2391326A1	72
107	US5346588A	Process for the chlorine-free bleaching of cellulosic materials with ozone	METSO PAPER OY	1994-09-13	19901029FI 905327A0	71
108	JP2003512540A	Fibrous carboxylated cellulose	WEYERHAEUSER CO	2003-04-02	20010426CA 2384701A1	70
109	JP2008169497A	The manufacturing method of a nanofiber, and a nanofiber	KYOTO UNIVERSITY	2008-07-24	20080724JP 2008169497A_	70
110	US20100189706A1	Enzymes for the treatment of lignocellulosics, nucleic acids encoding them and methods for making and using them	BP P L C	2010-07-29	20080807AU 2008210495A1	70
111	US5635297A	Ink jet recording sheet	MITSUBISHI PAPER MILLS LTD	1997-06-03	19940524JP 6143796A_	70
112	US5979664A	Methods and apparatus for acoustic fiber fractionation	GEORGIA INSTITUTE OF TECHNOLOGY	1999-11-09	19980908US 5803270A_	69
113	US4035217A	Method of manufacturing absorbent facing materials	JOHNSON & JOHNSON	1977-07-12	19740813US 3828783A_	69
114	US4894338A	Yeast strains producing cellulolytic enzymes and methods and means for constructing them	ENZYMES AB OY	1990-01-16	19840413FI 198401500A0	69
115	US3211147A	Disposable diaper pad	INTERNATIONAL PAPER CO	1965-10-12	19631231LU 44739A1	69
116	WO2008095033A2	Enzymes for the treatment of lignocellulosics, nucleic acids encoding them and methods for making and using them	SYNGENTA AG	2008-08-07	20080807AU 2008210495A1	68
117	US20060260773A1	Ligno cellulosic materials and the products made therefrom	INTERNATIONAL PAPER CO	2006-11-23	20061109AU 2006242090A1	68
118	US20040128712A1	Methods for modifying plant biomass and abiotic stress	MONSANTO CO	2004-07-01	19980312WO 1998009521A1	67
119	US5153241A	Polymer composites based cellulose-VI	BESHAY A D	1992-10-06	19880105US 4717742A_	66

（续）

排序	公开号	标题	申请人	公开日期	INPADOC 同族专利 ID	被引次数
120	US4118305A	Apparatus for electrochemical reactions	UNIVERSITY OF BRITISH COLUMBIA	1978-10-03	19760713US 3969201A_	66
121	US5401556A	Laminated wood-based fibrous web and molded article formed of such web and process for manufacturing article	HITACHI MEDICAL CORP	1995-03-28	19941014CA 2121063A1	66
122	US5055159A	Biomechanical pulping with *C. subvermispora*	UNIVERSITY OF MINNE-SOTA	1991-10-08	19911008US 5055159A_	64
123	US20070232179A1	Nonwoven fibrous structure comprising synthetic fibers and hydrophilizing agent	PROCTER & GAMBLE CO	2007-10-04	20071004US 20070232179A1	64
124	US6729386B1	Pulp drier coil with improved header	SATHER S H	2004-05-04	20020722CA 2349996A1	64
125	US3658613A	Absorbent products from wet cross-linked wood pulpboard and methods of making the same	PERSONAL PROD CO	1972-04-25	19720425US 3658613A_	63
126	US5516585A	Coated fiber product with adhered super absorbent particles	WEYERHAEUSER CO	1996-05-14	19900920CA 2012524A1	63
127	US6426211B1	Xylanase derived from a Bacillus species, expression vectors for such xylanase and other proteins, host organisms therefor and use thereof	DANISCO A/S	2002-07-30	19930825GB 199314780D0	63
128	US5893525A	Refiner plate with variable pitch	ANDRITZ AG	1999-04-13	19990101CA 2237106A1	62
129	WO2001066711A1	Enzyme	DANISCO A/S	2001-09-13	20000503GB 200005585D0	62
130	US20040226671A1	Surface treatment with texturized microcrystalline cellulose microfibrils for improved paper and paper board	INTERNATIONAL PAPER CO	2004-11-18	20041118US 20040226671A1	62
131	US4902564A	Highly absorbent nonwoven fabric	GEORGIA PACIFIC CO	1990-02-20	19890809EP 326771A2	62
132	US8012312B2	Cellulose-based fibrous materials	NIPPON PAPER INDUS-TRIES CO LTD	2011-09-06	20071101CA 2650044A1	62
133	US4444621A	Process and apparatus for the deresination and brightness improvement of cellulose pulp	MO OCH DOMSJO AB	1984-04-24	19820606FI 198103896L_	62
134	US3742735A	Delignification and bleaching of cellulose pulp with oxygen gas	KAMYR AB	1973-07-03	19700320FR 2012740A1	62
135	US7960020B2	Embossed fibrous structures	PROCTER & GAMBLE CO	2011-06-14	20090903CA 2718497A1	62

（续）

排序	公开号	标题	申请人	公开日期	INPADOC 同族专利 ID	被引次数
136	US3538551A	Disc type fiberizer	JOA CG	1970-11-10	19701110US 3538551A_	61
137	EP132128A1	Process for making pulp sheets containing debonding agents	PROCTER & GAMBLE CO	1985-01-23	19850123EP 132128A1	61
138	US4081582A	Fibrous material and method of making the same	JOHNSON & JOHNSON	1978-03-28	19780328US 4081582A_	61
139	US6340411B1	Fibrous product containing densifying agent	WEYERHAEUSER CO	2002-01-22	19940303CA 2140263A1	61
140	US4239519A	Inorganic gels and ceramic papers, films, fibers, boards, and coatings made therefrom	CORNING INC	1980-12-16	19801001EP 16659A1	61
141	US5607759A	Particle binding to fibers	WEYERHAEUSER CO	1997-03-04	19940303CA 2140263A1	60
142	US5601931A	Object to be checked for authenticity and a method for manufacturing the same	NHK SPRING CO	1997-02-11	19950607EP 656607A2	60
143	US5611885A	Particle binders	WEYERHAEUSER CO	1997-03-18	19940303CA 2140263A1	59
144	US5274199A	Acoustic diaphragm and method for producing same	SONY CO	1993-12-28	19911121EP 457474A2	59
145	US5965705A	DNA and encoded protein which regulates cold and dehydration regulated genes	MICHIGAN STATE UNIVERSITY	1999-10-12	19980312WO 1998009521A1	59
146	US3753826A	Methods of making nonwoven textile fabrics	JOHNSON & JOHNSON	1973-08-21	19730621AU 197137038A_	59
147	CA1190078A1	Wood pulp fiberiser comprises cylindrical housing with pulp sheet inlet in end wall facing pronged hammer rotor	CURT G JOA INC	1985-07-09	19830921EP 89106A2	58
148	US20070051481A1	Modified kraft fibers	INTERNATIONAL PAPER CO	2007-03-08	20061130CA 2608137A1	58
149	US20030046723A1	Transgenic plants comprising polynucleotides encoding transcription factors that confer disease tolerance	SEMINIS VEGETABLE SEEDS INC	2003-03-06	19980312WO 1998009521A1	58
150	US6066233A	Method of improving pulp freeness using cellulase and pectinase enzymes	INTERNATIONAL PAPER CO	2000-05-23	19980219WO 1998006892A1	58
151	US4044185A	Decorative sheet for solid color laminates	WESTINGHOUSE ELECTRIC COMPANY LLC	1977-08-23	19770823US 4044185A_	57

（续）

排序	公开号	标题	申请人	公开日期	INPADOC 同族专利 ID	被引次数
152	WO2006119392A1	Materiaux lignocellulosiques et produits fabriques a partir de ces materiaux	INTERNATIONAL PAPER CO	2006-11-09	20061109AU 2006242090A1	57
153	US20050061455A1	Chemical activation and refining of southern pine kraft fibers	INTERNATIONAL PAPER CO	2005-03-24	20050324US 20050061455A1	56
154	US4540468A	Method for determining the degree of completion and pulp yield	UNIVERSITY OF MAINE	1985-09-10	19850910US 4540468A_	56
155	EP89106A2	Wood pulp fiberiser comprises cylindrical housing with pulp sheet inlet in end wall facing pronged hammer rotor	CURT G JOA INC	1983-09-21	19830921EP 89106A2	56
156	US4408357A	Disposable garment	BOUNDARY HEALTH-CARE PROD CO	1983-10-11	19831011US 4408357A_	56
157	US4405324A	Absorbent cellulosic structures	MORCA INC	1983-09-20	19830920US 4405324A_	56
158	US7037405B2	Surface treatment with texturized microcrystalline cellulose microfibrils for improved paper and paper board	INTERNATIONAL PAPER CO	2006-05-02	20041118US 20040226671A1	56
159	CA1210744A1	Generator for converting wood pulp bales to fluff processes a number of bales at once and eliminates cavitation	CURT G JOA INC	1986-09-02	19840926EP 119351A2	56
160	US20090088564A1	Dissolution of cellulose in mixed solvent systems	INTERNATIONAL PAPER CO	2009-04-02	20090402US 20090084509A1	55
161	US4259147A	Pulping process	NEW FIBERS INT INC	1981-03-31	19810217CA 1095663A1	55
162	JP10086116A	Inorganic cement board and manufacture thereof	PANASONIC ELECTRIC WORKS LTD	1998-04-07	19980407JP 10086116A_	55
163	WO1990011181A1	Fibre prod with adhered super absorbent particles contains discontinuous fibres coated with binder material	WEYERHAEUSER CO	1990-10-04	19900920CA 2012524A1	55
164	US20090065164A1	Cellulose-based fibrous materials	NIPPON PAPER INDUSTRIES CO	2009-03-12	20071101CA 2650044A1	55
165	US4908097A	Modified cellulosic fibers	KIMBERLY-CLARK CO	1990-03-13	19850129IT 198567077D0	55
166	US3801432A	Process for subjecting wood chips to irradiation with electrons	RADIATION DEV CO LTD	1974-04-02	19720914DE 2208335A1	55

（续）

排序	公开号	标题	申请人	公开日期	INPADOC 同族专利 ID	被引次数
167	US20060222786A1	Cellulose acylate, cellulose acylate film, and method for production and use thereof	FUJI FILM HOLDINGS CO	2006-10-05	20060817JP 2006213756A_	55
168	US20050039767A1	Reconstituted tobacco sheet and smoking article therefrom	R J REYNOLDS TOBACCO CO	2005-02-24	20040316US 6705325B1	54
169	US20130029105A1	High softness, high durability bath tissues with temporary wet strength	GEORGIA PACIFIC CO	2013-01-31	20130131CA 2843521A1	54
170	US20100137773A1	Absorbent products with improved vertical wicking and re-wet capability	BUCKEYE TECHNOLOGIES INC	2010-06-03	20001130CA 2372937A1	54
171	US5459912A	Patterned spunlaced fabrics containing woodpulp and/or woodpulp-like fibers	DUPONT DE NEMOURS INC	1995-10-24	19930911TW 212817B_	54
172	US7910347B1	Perhydrolase providing improved peracid stability	DUPONT DE NEMOURS INC	2011-03-22	20110322US 7910347B1	53
173	EP1305432A2	Mutant trichoderma reesei EGIII cellulases, DNA encoding such EGIII compositions and methods for obtaining same	DANISCO A/S	2003-05-02	20000316CA 2340331A1	53
174	US5126010A	Ink-jet recording sheet	OJI HOLDINGS CO	1992-06-30	19881207GB 198825596D0	53
175	US6062220A	Reduced fogging absorbent core face mask	CAREFUSION CO	2000-05-16	20000516US 6062220A_	52
176	JP2006193858A	A microporous cellulose sheet	ASAHI KASEI CO	2006-07-27	20060727JP 2006193858A_	52
177	US6521339B1	Diol treated particles combined with fibers	WEYERHAEUSER CO	2003-02-18	19940303CA 2140263A1	52
178	JP55100256A	Production of fiber reinforced cement plate	VALQUA LTD	1980-07-31	19800731JP 55100256A_	52
179	EP357496A2	Wiping cloth for light domestic cleaning comprising polypropylene and wood pulp or cellulosic fibres, impregnated with nonionic surfactant compsn	COLGATE-PALMOLIVE CO	1990-03-07	19890831DK 198904325D0	52
180	US6238521B1	Use of diallyldimethylammonium chloride acrylamide dispersion copolymer in a papermaking process	ECOLAB INC	2001-05-29	19970430NO 199702022D0	52
181	WO2001035886A1	Absorbent cores with y-density gradient	BUCKEYE TECHNOLOGIES INC	2001-05-25	20001130CA 2372937A1	52
182	US5392972A	Motor vehicle trunk partition	ATLANTIC AUTOMOTIVE COMPONENTS	1995-02-28	19950119WO 1995001891A1	52

（续）

排序	公开号	标题	申请人	公开日期	INPADOC 同族专利 ID	被引次数
183	US4820980A	Gap, wear and tram measurement system and method for grinding machines	DODSON-EDGARS DARRYL	1989-04-11	19881117WO 1988008957A1	52
184	US6380883B1	High performance vehicle radar system	GENTHERM INC	2002-04-30	19990826WO 1999042652A1	52
185	JP53049113A	Production of paper for recoding aqueous ink	NIPPON PAPER GROUP INC	1978-05-04	19780504JP 53049113A_	51
186	US6686464B1	Cellulose ethers and method of preparing the same	BUCKEYE SPECIALTY FIBERS HOLDING LLC	2004-02-03	20001102CA 2371815A1	51
187	US5352332A	Process for recycling bleach plant filtrate	CHAPION INTERNATIONAL CO	1994-10-04	19941004US 5352332A_	50
188	US4295925A	Treating pulp with oxygen	WEYERHAEUSER CO	1981-10-20	19811020US 4295925A_	50
189	US5770012A	Process for treating paper machine stock containing bleached hardwood pulp with an enzyme mixture to reduce vessel element picking	GLATFELTER CO P H	1998-06-23	19980310US 5725732A_	50
190	US3966126A	Classifying hammermill system and method of operation	KIMBERLY-CLARK CO	1976-06-29	19760629US 3966126A_	50
191	WO1999005108A1	Inhibition of pulp and paper yellowing using nitroxides and other coadditives	CIBA HOLDING AG	1999-02-04	19990125ZA 199806521B_	50
192	US6861380B2	Tissue products having reduced lint and slough	KIMBERLY-CLARK CO	2005-03-01	20040506US 20040087237A1	50
193	US3808090A	Mechanical abrasion of wood particles in the presence of water and in an inert gaseous atmosphere	VALMET CO	1974-04-30	19740430US 3808090A_	50
194	WO1995026438A1	Polyoxometalate delignification and bleaching	EMORY UNIVERSITY	1995-10-05	19940317CA 2143824A1	50

3.2 按专利同族数量统计

全球木浆技术相关专利中，专利族成员个数大于 15 的专利族共 125 项，涉及专利文献 2636 件（表 3-2），这些专利文献是木浆行业中的重要专利。INTERNATIONAL PAPER 公司拥有最多的木浆技术较多专利族（10 个庞大专利族），而 GEORGIA PACIFIC 公司拥有最大的木浆技术专利族。

表 3-2 全球木浆专利按同族成员数量排名

排序	INPADOC 同族专利 ID	标题	申请人	最早 优先权日	同族成员数量
1	20031113US 20030209521A1	Fabric crepe process for making absorbent sheet	GEORGIA PACIFIC CO	2002-10-07	111
2	20101202CA 2763024A1	Modified cellulose from chemical kraft fiber and methods of making and using the same	GEORGIA PACIFIC CO	2009-05-28	87
3	20070823AU 2006338208A1	Cellulolytic enzymes, nucleic acids encoding them and methods for making and using them	BP P L C	2006-02-10	69
4	20040226CA 2495664A1	Novel variant	DANISCO A/S	2002-04-17	58
5	20061109AU 2006242090A1	Ligno cellulosic materials and the products made therefrom	INTERNATIONAL PAPER CO	2005-05-02	42
6	20140626US 20140174686A1	Soft tissue having reduced hydrogen bonding	KIMBERLY-CLARK CO	2012-12-26	38
7	19990531FI 199901231A0	Method of increasing the causticizing efficiency of alkaline pulping liquor by borate addition	RIO TINTO PLC	1998-06-01	35
8	20020912DE 10109502A1	Method for separating hemicelluloses from a biomass containing hemicelluloses and biomass and hemicelluloses obtained by said method	RHODIA S A	2001-02-28	33
9	20061130AU 2006251406A1	Process of bleaching	UNILEVER	2005-05-27	31
10	20140227CA 2883161A1	Products incorporating surface enhanced pulp fibers, and methods of making products incorporating surface enhanced pulp fibers	DOMTAR PAPER CO LLC	2012-08-24	31
11	19901029FI 905327A0	Process for the chlorine-free bleaching of cellulosic materials with ozone	METSO PAPER OY	1989-10-30	30
12	19920204US 5085734A_	Pulp bleaching reactor for dispersing high consistency pulp into a gaseous bleaching agent containing ozone	INTERNATIONAL PAPER CO	1990-10-10	28
13	20050106CA 2525333A1	Novel trichsoderma gene	DANISCO A/S	2003-05-29	27
14	20000503GB 200005585D0	Enzyme	DANISCO A/S	2000-03-08	27
15	20061116AU 2006244311A1	Debarking chain with passing links	FIFTH THIRD BANK	2005-04-13	27
16	19940303CA 2140263A1	Wet laid fiber sheet manufacturing with reactivatable binders for binding particles to fibers	WEYERHAEUSER CO	1992-08-17	26
17	20040316US 6705325B1	Reconstituted tobacco sheet and smoking article therefrom	R J REYNOLDS TOBACCO CO	2002-11-19	26

（续）

排序	INPADOC 同族专利 ID	标题	申请人	最早 优先权日	同族成 员数量
18	19921127SE 199203585D0	Process for treating oxygen delignified pulp using an organic peracid or salt, complexing agent and peroxide bleach sequence	AKZO NOBEL N V	1992-11-27	26
19	20021212CA 2447533A1	Composition for the production of improved pulp	ITALMATCH CHEM SPA	2001-06-06	26
20	20061130CA 2608137A1	Modified kraft fibers	INTERNATIONAL PAPER CO	2005-05-24	25
21	20140703CA 2870436A1	Wood pulp for glass plate-isolating paper and glass plate-isolating paper	TOKUSHU SEISHI KK	2012-12-27	25
22	20080807AU 2008210495A1	Enzymes for the treatment of lignocellulosics, nucleic acids encoding them and methods for making and using them	BP P L C	2007-01-30	24
23	19990308CA 2246207A1	Water-disintegratable fibrous sheet containing fibers having different fiber lengths and process for producing the same	UNICHARM CO	1997-09-08	23
24	19970313CA 2230905A1	Article absorbant a element absorbant stabilisant; Absorbent article having a stabilizing absorbent element	MCNEIL PPC	1995-09-01	23
25	20080724AU 2007344425A1	Bleaching of substrates	UNILEVER	2007-01-16	23
26	20000309CA 2340057A1	Kraft process for the production of wood pulp by adding a copolymer of 1, 2-dihydroxy-3-butene antiscalant	ECOLAB INC	1998-08-31	23
27	20071212GB 200721587D0	Process for bleaching pulp	INNOSPEC INC	2007-11-02	23
28	19911230CA 2086324A1	Pressurized dynamic washer	REGAL BELOIT CO	1990-06-29	23
29	19970827ZA 199701366B_	Wet resilient absorbent article	KIMBERLY-CLARK CO	1996-03-11	22
30	20010719DE 10004448A1	Method and device for production of composite non-woven fiber fabrics by means of hydrodynamic needling	TRUTZSCHLER GMBH & CO KG	2000-01-17	22
31	20120816US 20120208933A1	polymeric composites	WEYERHAEUSER CO	2011-02-14	22
32	20130919WO 2013138222A1	Method for producing levulinic acid from lignocellulosis biomass	GEORGIA PACIFIC CO	2012-03-12	22
33	20140904CA 2901201A1	Process for recausticizing green liquor	MONDI LTD	2013-02-26	22
34	20110217CA 2767386A1	Fractionation of a waste liquor stream from nanocrystalline cellulose production	FPI INNOVATIONS	2009-08-11	21

（续）

排序	INPADOC 同族专利 ID	标题	申请人	最早优先权日	同族成员数量
35	20130320CA 2790429A1	Fibrous absorbent material and method for making	JOHNSON & JOHNSON	2011-09-20	21
36	19900213SE 199000515D0	Ctmp-process	SVENSKA CELLULOSA AB SCA	1990-02-13	20
37	19941220IT 1994MI2566D0	Five thermostable xylanases from microtetraspora flexuosa for use in delignification and/or bleaching of pulp	DANISCO A/S	1994-04-28	20
38	19930114SE 199300078D0	Refining segment	VALMET CO	1993-01-14	20
39	20120913CA 2829007A1	Method for spinning anionically modified cellulose and fibres made using the method	SAPPI NETHERLANDS SERVICES BV	2011-03-08	20
40	20070823CA 2638801A1	Xylanases, nucleic acids encoding them and methods for making and using them	BP P L C	2006-02-14	19
41	20101207MX 2010006286A_	Meterable fiberous material	INTERNATIONAL PAPER CO	2009-06-08	19
42	20090618CA 2708618A1	Fibres organiques a surface mineralisee	OMYA AG	2007-12-12	19
43	19830421SE 198302245D0	Recovery of chemicals from pulp waste liquor	NORDIC DISTRIBUTOR SUPPLY AKTI	1983-04-21	19
44	20010410US 6214395B1	Liquid smoke browning agent solution	HICKORY SPRINGS MANUFACTURING CO	1999-10-21	19
45	19950629FI 199503222A0	Postforming laminate material	WESTROCK CO	1994-01-31	19
46	20101209CA 2763979A1	Method for quality control of the material produced in a pulp refiner of chips	FPI INNOVATIONS	2009-06-01	19
47	19761102US 3990054A_	Hydrophilic polyolefin fibres contg	HERCULES INC	1976-01-28	19
48	19840814DK 198403900D0	Absorbent structure containing corrugated web layers	SCA INCONTINENCE CARE NORTH AMERICA INC	1983-08-15	18
49	19990125ZA 199806521B_	Inhibition of pulp and paper yellowing using nitroxides, hydroxylamines and other coadditives	CIBA HOLDING AG	1997-07-23	18
50	19951221CA 2168344A1	Thermostable xylanases	DANISCO A/S	1994-06-14	18
51	19930825GB 199314780D0	Xylanase derived from a Bacillus species, expression vectors for such xylanase and other proteins, host organisms therefor and use thereof	DANISCO A/S	1993-07-15	18
52	19781116IT 197829855D0	Pulp washer	GEORGIA PACIFIC CO	1978-02-27	18

（续）

排序	INPADOC 同族专利 ID	标题	申请人	最早优先权日	同族成员数量
53	19980108CA 2260005A1	Glass fiber separators for lead-acid batteries	HOLLINGSWORTH & VOSE	1996-07-01	18
54	19900110SE 199000070D0	Alpha-L-arabinofuranosidase and xylanase from Bacillus stearothermophilus NCIMB 40221, NCIMB 40222 or mutant thereof for delignification	KORSNAES AB	1990-01-10	18
55	20080314CL 2007003598A1	Nonwoven joint tape having low moisture expansion properties and method for using same	USG CO	2006-12-12	18
56	20040603CA 2506550A1	Cellulosic product and process for its production	AKZO NOBEL N V	2002-11-19	18
57	20110331US 20110073015A1	Internally curing cement based materials	INTERNATIONAL PAPER CO	2009-09-30	18
58	20060911FI 200600809A0	Method of manufacturing a multilayer fibrous product	METSA BOARD CO	2006-09-11	18
59	20120628CA 2822324A1	Process for the production of sized and/or wet-strength papers, paperboards and cardboards	BAYER INTELLLECTUAL PROPERTY GMBH	2010-12-22	18
60	19840928FI 198403831A0	Wood pulp incorporating melamine or ammeline	MELAMINE CHEM INC	1983-09-30	18
61	19821122IT 198224367D0	Method for controlling a milling process in a pocket mill	SANDVIK AB	1981-12-01	18
62	19741129IL 45614D0	Wood pulp material using mould to which different suctions are applied to vary pulp density in different regions	DIAMOND INT CO	1974-05-23	18
63	19800502IT 198021766D0	Purification of wood pulp by pressurised vertical rotary sieve offering stable hydraulic fibre flow over wide range of operating conditions	UNIWELD IN	1979-05-03	18
64	20010222DE 19938809A1	Method and device for producing a composite nonwoven for receiving and storing liquids	ALBIS SPA	1999-08-19	17
65	20130103CA 2839348A1	Catalytic biomass conversion	NANO-GREEN BIOREFINERIES INC	2011-06-30	17
66	20110505CA 2779611A1	Fibrous structures and methods for making same	PROCTER & GAMBLE CO	2009-11-02	17
67	20130815US 20130206036A1	Composite polymer	INTERNATIONAL PAPER CO	2012-02-14	17
68	20111006WO 2011122055A1	Absorbent structure	UNICHARM CO	2010-03-31	17
69	19881103SE 198803990D0	Apparatus for crushing or grinding of fibrous material, in particular drum refiner	ANDRITZ AG	1987-11-05	17

（续）

排序	INPADOC 同族专利 ID	标题	申请人	最早优先权日	同族成员数量
70	20070621US 20070137817A1	Polyareneazole/wood pulp and methods of making same	DUPONT DE NEMOURS INC	2005-12-21	17
71	20120518CA 2816286A1	Enzymes and uses thereof	DEINOVE	2010-11-08	17
72	20160414WO 2016055128A1	For the mat and the gypsum plate area of wet or moist	ANDRITZ AG	2014-10-06	17
73	19790220IT 197948058D0	Nouveaux produits absorbants	JOHNSON & JOHNSON	1978-02-21	17
74	20071101CA 2650044A1	Cellulose-based fibrous materials	NIPPON PAPER INDUSTRIES CO	2006-04-21	16
75	20001102CA 2371815A1	Cellulose ethers and method of preparing the same	BUCKEYE SPECIALTY FIBERS HOLDING LLC	1999-04-26	16
76	19940629SE 199402281D0	Refining element	VALMET CORPORATION	1994-06-29	16
77	20111006CA 2795139A1	Fibrous structures and methods for making same	PROCTER & GAMBLE CO	2010-03-31	16
78	19891211FI 198905901A0	Avoiding pitch troubles using acylgerol lipase	NIPPON PAPER INDUSTRIES CO	1988-12-13	16
79	19980217NO 199800659D0	Additive composition for reducing anthraquinone requirements in pulping of lignocellulosic material	WESTROCK CO	1997-03-11	16
80	20090122CA 2693943A1	Process for making fibrous structures	PROCTER & GAMBLE CO	2007-07-17	16
81	20020621CA 2329294A1	Method and apparatus for measuring fibre properties	FPI INNOVATIONS	2000-12-21	16
82	20031218CA 2488887A1	Chemically cross-linked cellulosic fiber and method of making same	RAYONIER PERFORMANCE FIBERS LLC	2002-06-11	16
83	19930919CA 2063351A1	Process for peroxide bleaching of mechanical pulp using sodium carbonate and non-silicate chelating agents	FMC CORP	1992-03-18	16
84	20150625CA 2932638A1	Sanitary tissue products with free fibers and methods for making same	PROCTER & GAMBLE CO	2013-12-19	16
85	20090128CN 101352296A_	Grass type unbleached paper products and production method thereof	SHANDONG FUYIN PAPER & ENVIRONMENTAL PRO	2007-12-05	16
86	19931215SE 199304173D0	Method for non-chlorine bleaching of cellulose pulp with a totally closed counter-current liquid circuit	MO OCH DOMSJO AB	1993-12-15	16

（续）

排序	INPADOC 同族专利 ID	标题	申请人	最早优先权日	同族成员数量
87	19940929CA 2152958A1	Pitch degradation with white rot fungi	NOVARTIS AG	1993-03-19	16
88	20060601US 20060115633A1	Resin coated papers with imporved performance	HP INC	2004-11-30	16
89	20090911AU 2009220588A1	Ink-jet recording medium	NIPPON PAPER INDUSTRIES CO	2008-03-05	16
90	19881229DE 3720265A1	Manufacture of colored egg packages	GENTER VAGN	1987-06-19	16
91	20140320DE 102012111635B3	Cigarette paper for self-extinguishing cigarettes	DELFORTGROUP AG	2012-11-30	16
92	19790316IT 197921058D0	Apparatus and process for producing wood pulp in a pressurized wood grinder	VOITH GMBH	1978-03-21	16
93	20160802JP 05959694B1	Household tissue paper and hydrolysable sheet	DAIO PAPER CO	2015-03-31	16
94	20120518CA 2816393A1	Laccases and uses thereof	DEINOVE	2010-11-08	16
95	20130102CN 102849972A_	Fiber for fiber cement and resulting product	INTERNATIONAL PAPER CO	2011-06-30	16
96	19780919IT 197869162D0	Wood pulp prepn with peroxide delignification step resulting in non-polluting residual waters	DEGUSSA AG	1977-09-20	16
97	19790220IT 197948059D0	Produit absorbant stratifie	JOHNSON & JOHNSON	1979-01-30	16
98	19980309CA 2210247A1	Modification of xylanase to improve thermophilicity, alkalophilicity and thermostability	NATIONAL RESEARCH COUNCIL OF CANADA	1996-09-09	15
99	20000316CA 2340331A1	Cellulase trichoderma reesei EGIII mutante, adn codant pour de telles compositions d'egiii et methodes d'obtention	DANISCO A/S	1998-09-03	15
100	20060406WO 2006036698A2	Modification of plant lignin content	ARBORGEN LLC	2004-09-22	15
101	20060817AU 2006212238A1	High quality paperboard and products made thereof	STORA ENSO AB	2005-02-10	15
102	19870914DK 198704792D0	Bleaching of cellulosic pulps using hydrogen peroxide	DOW CHEMICAL CO	1986-09-15	15
103	20070518CA 2527325A1	Manufacturing process for high performance lignocellulosic fibre composite materials	LAW S F	2005-11-18	15
104	19950221TW 241198B_	A tobacco filter material and a method of producing the same	DAICEL CO	1993-09-06	15
105	19920812FI 199203610A0	Liquid removal apparatus and method for wood pulp	21ST CENTURY PULP & PAPER LLC	1991-08-21	15

（续）

排序	INPADOC 同族专利 ID	标题	申请人	最早 优先权日	同族成 员数量
106	20041111CA 2523328A1	Bacillus 029CEL cellulase	DANISCO A/S	2003-04-29	15
107	20020214CA 2417809A1	Variant EGIII-like cellulase compositions	DANISCO A/S	2000-08-04	15
108	20130815US 20130206035A1	Composite polymer	INTERNATIONAL PAPER CO	2012-02-14	15
109	20140220US 20140048221A1	Methods for extracting hemicellulose from a cellulosic material	CELANESE CO	2012-08-20	15
110	20020109GB 200127576D0	Watermarked paper	ARJO WIGGINS SA	2001-11-17	15
111	19950504CA 2173488A1	Multiple filter dynamic washer	REGAL BELOIT CO	1993-10-28	15
112	20010705WO 2001047569A1	Absorbent structure for use in disposable absorbent products, has fibrous material from which the activating agent is released upon stimulation with activator, and activates the polymer to form superabsorbent polymer	KIMBERLY-CLARK CO	1999-12-28	15
113	19891025GB 198920595D0	Bleaching of wood pulp by enzyme	NOVARTIS AG	1989-09-12	15
114	20131107WO 2013165287A1	Method of producing a hydroentangled nonwoven material	ESSITY AB	2012-05-03	15
115	20111019GB 201115161D0	Improving the drainage of an aqueous composition	DOW CORNING CO	2011-09-02	15
116	20120411GB 201203202D0	Tobacco smoke filter	FILTRONA FILTER PROD UK LTD	2012-02-23	15
117	20121004WO 2012132548A1	Absorber and absorbent article	UNICHARM CO	2011-03-25	15
118	20070927DE 102006014183A1	Layer support for recording materials	SCHOELLER GMBH & CO KG FELIX	2006-03-24	15
119	20070614US 20070131364A1	Process for treating a cellulose-lignin pulp	UNIVERSITY OF MAINE	2005-12-14	15
120	20080619US 20080142175A1	Process in a (D) stage bleaching of hardwood pulps in a presence of $Mg(OH)_2$	INTERNATIONAL PAPER CO	2006-12-18	15
121	19941208WO 1994028234A1	Method of making a liquid feedstock from a plurality of pulp sheet stock rolls	AKZO NOBEL N V	1993-05-24	15
122	19921030PT 97501A_	Process for delignifying unbleached pulp with oxygen	INTERNATIONAL PAPER CO	1991-04-18	15
123	19810416IT 198167526D0	Pressurised water distributor on wood pulp grinder	VOITH GMBH	1980-04-17	15

（续）

排序	INPADOC 同族专利 ID	标题	申请人	最早 优先权日	同族成 员数量
124	19821210FI 198204244A0	Delignification of wood with hydrolysis of hemicellulose to pentose（s）by heating the lignocellulosic material	NESTE OY	1981-12-10	15
125	19760801PT 65323A_	Baby's disposable nappy with absorbent wad of thermo-mechanical wood pulp	COLGATE-PALMOLIVE CO	1975-07-07	15

3.3 按权利要求项数量统计

全球木浆专利中，权利要求计数大于 60 的专利文献共 185 个（表 3-3），这些专利文献是木浆行业中具有较高质量的专利。这些专利文献中，WEYERHAEUSER 公司拥有最多，共 38 件，占总量的 20.54%，其次是 GEORGIA PACIFIC 公司（27 件，14.59%）和 INTERNATIONAL PAPER 公司（11 件，5.95%）。

表 3-3 全球木浆专利按权利要求数量排名

排序	公开号	标题	申请人	公开日期	INPADOC 同族专利 ID	权利要 求数量
1	KR1797943B1	Modified cellulose from chemical kraft fiber and methods of making and using the same	GEORGIA PACIFIC CO	2017-11-15	20101202CA 2763024A1	293
2	JP05799009B2	The modified cellulose derived from a chemical craft	GEORGIA PACIFIC CO	2015-10-21	20101202CA 2763024A1	247
3	CN102459754A	Modified cellulose from chemical kraft fiber and methods of making and using the same	GEORGIA PACIFIC CO	2012-05-16	20101202CA 2763024A1	247
4	KR2012014932A	Modified cellulose from chemical kraft fiber and methods of making and using the same	GEORGIA PACIFIC CO	2012-02-20	20101202CA 2763024A1	247
5	MX357819B	Modified cellulose to of from chemical kraft fiber and methods for manufacturing and use thereof	GEORGIA PACIFIC CO	2018-07-25	20101202CA 2763024A1	247
6	BRPI1012052A2	Kraft fibers and chemically modified hydrolysed and methods of production and the bleaching of kraft fibers	GEORGIA PACIFIC CO	2017-12-26	20101202CA 2763024A1	247
7	EP2435629A2	Modified cellulose from chemical kraft fiber and methods of making and using the same	GEORGIA PACIFIC CO	2012-04-04	20101202CA 2763024A1	247
8	MX2011012494A	Modified cellulose from chemical kraft fiber and methods of making and using the same	GEORGIA PACIFIC CO	2012-02-21	20101202CA 2763024A1	247

（续）

排序	公开号	标题	申请人	公开日期	INPADOC 同族专利 ID	权利要求数量
9	AU2010253926A1	Modified cellulose from chemical kraft fiber and methods of making and using the same	GEORGIA PACIFIC CO	2011-12-15	20101202CA 2763024A1	247
10	EP1989302A2	Xylanases, nucleic acids encoding them and methods for making and using them	BP P L C	2008-11-12	20070823CA 2638801A1	153
11	US20020090511A1	Cellulose fibers having low water retention value and low capillary desorption pressure	FLEET NAT BANK	2002-07-11	20020516CA 2428286A1	138
12	CN1478164A	Cellulose fibers having low water retention value and low capillary desorption pressure	BUCKEYE TECHNOLOGIES INC	2004-02-25	20020516CA 2428286A1	138
13	EP1332259A2	Crosslinked cellulose fibers	BUCKEYE TECHNOLOGIES INC	2003-08-06	20020516CA 2428286A1	138
14	EP575516A1	Binder coated discontinuous fibers with adhered particulate materials	WEYERHAEUSER CO	1993-12-29	19900920CA 2012524A1	135
15	BRPI0707784A2	Xylanases, nucleic acids which encode and methods for the produce-them and use them	VERENIUM CO	2011-04-26	20070823CA 2638801A1	133
16	US9879382B2	Multi-ply bath tissue with temporary wet strength resin and/or a particular lignin content	GEORGIA PACIFIC CO	2018-01-30	20130131CA 2843521A1	130
17	US20170254025A1	High softness, high durability bath tissues with temporary wet strength	GEORGIA PACIFIC CO	2017-09-07	20130131CA 2843521A1	130
18	CN101970752B	Organic fibre surface mineralization	OMENIA INTERNATIONAL CO	2013-05-29	20090618CA 2708618A1	130
19	MX2003004124A	Cellulose fibers having low water retention value and low capillary desorption pressure	BUCKEYE TECHNOLOGIES INC	2004-02-12	20020516CA 2428286A1	129
20	US9493911B2	High softness, high durability bath tissues with temporary wet strength	GEORGIA PACIFIC CO	2016-11-15	20130131CA 2843521A1	126
21	US9739015B2	High softness, high durability bath tissues with temporary wet strength	GEORGIA PACIFIC CO	2017-08-22	20130131CA 2843521A1	126
22	US20170016183A1	High softness, high durability bath tissues with temporary wet strength	GEORGIA PACIFIC CO	2017-01-19	20130131CA 2843521A1	126
23	US20160186380A1	High softness, high durability bath tissues with temporary wet strength	GEORGIA PACIFIC CO	2016-06-30	20130131CA 2843521A1	126
24	US20130029105A1	High softness, high durability bath tissues with temporary wet strength	GEORGIA PACIFIC CO	2013-01-31	20130131CA 2843521A1	110

（续）

排序	公开号	标题	申请人	公开日期	INPADOC 同族专利 ID	权利要求数量
25	EP2737129A1	high softness, high durability bath tissue with temporary wet strength	GEORGIA PACIFIC CO	2014-06-04	20130131CA 2843521A1	110
26	US9309627B2	High softness, high durability bath tissues with temporary wet strength	GEORGIA PACIFIC CO	2016-04-12	20130131CA 2843521A1	109
27	JP04769724B2	Novel trichoderma gene	DANISCO A/S	2011-09-07	20050106CA 2525333A1	107
28	US20070128690A1	Novel trichoderma genes	DANISCO A/S	2007-06-07	20050106CA 2525333A1	107
29	EP1627049A2	Novel trichoderma genes	DANISCO A/S	2006-02-22	20050106CA 2525333A1	107
30	US5482594A	Liquid removal apparatus and method for wood pulp	21ST CENTURY PULP & PAPER LLC	1996-01-09	19920812FI 199203610A0	103
31	EP2257669A1	Ionic liquid systems for the processing of biomass, their components and/or derivatives, and mixtures thereof	UNIVERSITY OF ALABAMA	2010-12-08	20090827WO 2009105236A1	102
32	US20080308239A1	Fiber blend having high yield and enhanced pulp performance and method for making same	WESTROCK CO	2008-12-18	20081218US 20080308239A1	100
33	JP05295231B2	A high yield and a highly efficient fiber	WESTROCK CO	2013-09-18	20081218CA 2690571A1	97
34	BRPI0812710A2	Method of the pulping material, mixture of fibers, saturable kraft paper, cardboard, product of the base paper, and, the packing material	WESTROCK CO	2017-06-06	20081218CA 2690571A1	97
35	EP2165018A1	High yield and enhanced performance fiber	WESTROCK INDUSTRIES	2010-03-24	20081218CA 2690571A1	97
36	JP04242272B2	The manufacturing method of an improvement pulp, and its aqueous composition	THERMOPHOS TRADING GMBH	2009-03-25	20021212CA 2447533A1	97
37	US20030221805A1	Method for the production of improved pulp	ITALMATCH CHEM SPA	2003-12-04	20021212CA 2447533A1	97
38	CN1539040A	Production method of improved pulp	ITALMATCH CHEM SPA	2004-10-20	20021212CA 2447533A1	97
39	MX2003011326A	Method and aqueous composition for the production of improved pulp	SOLUTIA INC	2004-03-19	20021212CA 2447533A1	97
40	EP1392914A2	Method and aqueous composition for the production of improved pulp	DEQUEST AG	2004-03-03	20021212CA 2447533A1	97
41	US6461553B1	Method of binding binder treated particles to fibers	WEYERHAEUSER CO	2002-10-08	19940303CA 2140263A1	97

（续）

排序	公开号	标题	申请人	公开日期	INPADOC 同族专利 ID	权利要求数量
42	US20050079361A1	Materials useful in making cellulosic acquisition fibers in sheet form	HONDA MOTOR CO LTD	2005-04-14	20050414US 20050079361A1	96
43	CN1930345A	Materials useful in making cellulosic acquisition fibers in sheet form	HONDA MOTOR CO LTD	2007-03-14	20050414US 20050079361A1	96
44	EP1675556A2	Materials useful in making cellulosic acquisition fibers in sheet form	RAYONIER TRS HOLDINGS INC	2006-07-05	20050414US 20050079361A1	96
45	US20100175840A1	High yield and enhanced performance fiber	WESTROCK CO	2010-07-15	20081218CA 2690571A1	94
46	CN101772602A	High yield and enhanced performance fibre	WESTROCK CO	2010-07-07	20081218CA 2690571A1	94
47	US20050247419A1	Treatment composition for making acquisition fluff pulp in sheet form	HONDA MOTOR CO	2005-11-10	20051110US 20050247419A1	92
48	EP1745175A2	Treatment composition for making acquisition fluff pulp in sheet form	RAYONIER TRS	2007-01-24	20051110US 20050247419A1	92
49	CN1282800C	Production method of improved pulp	ITALMATCH CHEM SPA	2006-11-01	20021212CA 2447533A1	90
50	US20010018308A1	Compressible wood pulp product	WEYERHAEUSER CO	2001-08-30	20000420WO 2000021476A1	90
51	US20030207641A1	Compressible wood pulp product	WEYERHAEUSER CO	2003-11-06	20000420WO 2000021476A1	90
52	US20030230391A1	Chemically cross-linked cellulosic fiber and method of making same	RAYONIER PERFORMANCE FIBERS LLC	2003-12-18	20031218CA 2488887A1	89
53	MX2004012401A	Chemically cross-linked cellulosic fiber and method of making same	HONDA MOTOR CO LTD	2005-09-21	20031218CA 2488887A1	89
54	EP1534892A1	Chemically cross-linked cellulosic fiber and method of making same	RAYONIER TRS HOLDING INC	2005-06-01	20031218CA 2488887A1	89
55	EP739217A1	Method and compositions for enhancing blood absorbence by absorbent materials	WEYERHAEUSER CO	1996-10-30	19940303CA 2140263A1	88
56	US4295927A	Method and apparatus for treating pulp with oxygen and storing the treated pulp	WEYERHAEUSER CO	1981-10-20	19811020US 4295927A_	88
57	US4295926A	Method and apparatus for treating pulp with oxygen	WEYERHAEUSER CO	1981-10-20	19811020US 4295926A_	88
58	EP1297540A1	Electrical apparatus with synthetic fiber and binder reinforced cellulose insulation paper	COOPER INDUSTRIES LTD	2003-04-02	20011129WO 2001091135A1	85
59	MY129160A	Inhibition of pulp and paper yellowing using nitroxides and other co-additives	CIBA HOLDING AG	2007-03-30	19990125ZA 199806521B_	82

（续）

排序	公开号	标题	申请人	公开日期	INPADOC 同族专利 ID	权利要求数量
60	JP05731200B2	Surface mineralization organic fiber	OMYA AG	2015-06-10	20090618CA 2708618A1	79
61	JP2003089701A	The method which does not contain the hypochlorite for manufacturing a stable carboxylated carbohydrate product	WEYERHAEUSER CO	2003-03-28	20021206CA 2383464A1	79
62	US20030083491A1	Hypochlorite free method for preparation of stable carboxylated carbohydrate products	INT PAPER CANADA PULP HOLDINGS ULC	2003-05-01	20021206CA 2383464A1	79
63	MX2002011439A	Electrical apparatus with synthetic fiber and binder reinforced cellulose insulation paper	COOPER INDUSTRIES LTD	2003-06-06	20011129WO 2001091135A1	79
64	US5547745A	Particle binders	WEYERHAEUSER CO	1996-08-20	19940303CA 2140263A1	78
65	EP3337606A1	Microcrystalline cellulose pyrolyzate adsorbents and methods of making and using same	ENTEGRIS INC	2018-06-27	20170302WO 2017035023A1	75
66	CN108136365A	Microcrystalline cellulose pyrolysis adsorbent and manufacturing and using method thereof	ENTEGRIS INC	2018-06-08	20170302WO 2017035023A1	75
67	KR2018032664A	Microcrystalline cellulose pyrolysis adsorbent and manufacturing and using method thereof	ENTEGRIS INC	2018-03-30	20170302WO 2017035023A1	75
68	US20040158057A1	Cellulose ethers and method of preparing the same	BUCKEYE TECHNOLOGIES INC	2004-08-12	20001102CA 2371815A1	73
69	JP03704155B2	A binder processing fiber web and a product	WEYERHAEUSER CO	2005-10-05	19940303CA 2140263A1	73
70	DE69608390T2	A binder processing fiber web and a product	WEYERHAEUSER CO	2000-09-21	19940303CA 2140263A1	73
71	EP769082A1	Binder treated fibrous webs and products	WEYERHAEUSER CO	1997-04-23	19940303CA 2140263A1	73
72	US4303470A	Method and apparatus for mixing gases with a wood pulp slurry	WEYERHAEUSER CO	1981-12-01	19811201US 4303470A_	73
73	JP03539957B2	Method of binding particles to fibers	WEYERHAEUSER CO	2004-07-07	19940303CA 2140263A1	72
74	DE69332336T2	Method of binding particles to fibers	WEYERHAEUSER CO	2003-01-30	19940303CA 2140263A1	72
75	EP655971A1	Method of binding particles to fibers	WEYERHAEUSER CO	1995-06-07	19940303CA 2140263A1	72
76	CN1078006A	Pulp bleaching reactor and method thereof	INTERNATIONAL PAPER CO	1993-11-03	19920204US 5085734A_	71

（续）

排序	公开号	标题	申请人	公开日期	INPADOC 同族专利 ID	权利要求数量
77	CN1047418C	Pulp bleaching reactor and method thereof	INTERNATIONAL PAPER CO	1999-12-15	19920204US 5085734A_	71
78	DE69129017T2	Bleichen von zellstoff und reaktor	METSO PAPER OY	1998-09-24	19920204US 5085734A_	71
79	EP512098A1	Pulp bleaching method and reactor	INTERNATIONAL PAPER CO	1992-11-11	19920204US 5085734A_	71
80	US6638884B2	Compressible wood pulp product	WEYERHAEUSER CO	2003-10-28	20000420WO 2000021476A1	70
81	EP966666A1	Method and apparatus for monitoring and controlling characteristics of process effluents	ALBERTA RESEARCH COUNCIL INC	1999-12-29	19980917CA 2282344A1	70
82	BR199306921A	Process for binding particles to fibers with binder and a fibrous product	WEYERHAEUSER CO	1999-01-12	19940303CA 2140263A1	70
83	BR199106115A	Apparatus for the reactor with ozone bleaching of pulp of high consistencia, apparatus for dispersing particles of a high pulp consistencia in one gaseous agent, process for the bleaching of the pulp particles with a high consistencia	INTERNATIONAL PAPER CO	1993-02-24	19920204US 5085734A_	69
84	JP05927098B2	The modified cellulose derived from a chemical kraft fiber, and the method of producing and using it	GEORGIA PACIFIC CO	2016-05-25	20101202CA 2763024A1	68
85	US20030046984A1	Rapid triglyceride assay for use in pulp pitch control	ENZYMATIC DEINKING TECHNOLOGIES LLC	2003-03-13	20021031CA 2424775A1	68
86	EP1392915A1	Rapid triglyceride assay for use in pulp pitch control	ENZYMATIC DEINKING TECHNOLOGIES LLC	2004-03-03	20021031CA 2424775A1	68
87	MX199606116A	Binder treated fibrous webs and products	WEYERHAEUSER CO	1998-02-28	19940303CA 2140263A1	68
88	US20040234760A1	Superabsorbent cellulosic fiber and method of making same	RAYONIER PERFORMANCE FIBERS LLC	2004-11-25	20041125US 20040234760A1	66
89	CN1791708A	Asorbent cellulose fibre and its preparation method	HONDA MOTOR CO LTD	2006-06-21	20041125US 20040234760A1	66
90	EP1664399A2	Superabsorbent cellulosic fiber and method of making same	HONDA MOTOR CO LTD	2006-06-07	20041125US 20040234760A1	66

（续）

排序	公开号	标题	申请人	公开日期	INPADOC 同族专利 ID	权利要求数量
91	US9512561B2	Modified cellulose from chemical kraft fiber and methods of making and using the same	GEORGIA PACIFIC CORPORATION	2016-12-06	20101202CA 2763024A1	65
92	US20090029902A1	Peptides for binding calcium carbonates and methods of use	O'BRIEN JOHN P	2009-01-29	20090129US 20090029902A1	65
93	US9725599B2	Surface-mineralized organic fibers	OMYA AG	2017-08-08	20090618CA 2708618A1	64
94	US6524348B1	Method of making carboxylated cellulose fibers and products of the method	INTERNATIONAL PAPER CO	2003-02-25	20010426CA 2384701A1	64
95	EP1238142A1	Method of making carboxylated cellulose fibers and products of the method	WEYERHAEUSER CO	2002-09-11	20010426CA 2384701A1	64
96	BR199104455A	Process for deslignificacao of pulp with oxygen, process for deslignificacao and bleaching of pulp and pulp	REPAP TECHNOLOGIES INC	1992-06-09	19911009FI 914766A0	64
97	US20130248131A1	Modified cellulose from chemical kraft fiber and methods of making and using the same	GEORGIA PACIFIC CORPORATION	2013-09-26	20101202CA 2763024A1	63
98	EP2227597A1	Surface-mineralized organic fibers	OMYA AG	2010-09-15	20090618CA 2708618A1	63
99	US20040177935A1	Method for making chemically cross-linked cellulosic fiber in the sheet form	HONDA MOTOR CO LTD	2004-09-16	20040916US 20040177935A1	63
100	JP04814883B2	A recycled tabacco sheet and a smoking article using the same	R J REYNOLDS TOBACCO CO	2011-11-16	20040316US 6705325B1	63
101	US20050039767A1	Reconstituted tobacco sheet and smoking article therefrom	R J REYNOLDS TOBACCO CO	2005-02-24	20040316US 6705325B1	63
102	CN101039597A	Regenerated tobacco sheet and its tobacco product	R J REYNOLDS TOBACCO CO	2007-09-19	20040316US 6705325B1	63
103	KR2007045327A	Reconstituted tobacco sheet and smoking article therefrom	R J REYNOLDS TOBACCO CO	2007-05-02	20040316US 6705325B1	63
104	KR904333B1	Reconstituted tobacco sheet and smoking article therefrom	R J REYNOLDS TOBACCO CO	2009-06-23	20040316US 6705325B1	63
105	EP1786283A2	Reconstituted tobacco sheet and smoking article therefrom	R J REYNOLDS TOBACCO CO	2007-05-23	20040316US 6705325B1	63
106	AU2005277703A1	Reconstituted tobacco sheet and smoking article therefrom	R J REYNOLDS TOBACCO CO	2007-03-08	20040316US 6705325B1	63

（续）

排序	公开号	标题	申请人	公开日期	INPADOC 同族专利 ID	权利要求数量
107	EP1611279A2	Method for making chemically cross-linked cellulosic fiber in the sheet form	HONDA MOTOR CO LTD	2006-01-04	20040916US 20040177935A1	62
108	CN1239780C	Cellulose ethers and method of preparing the same	GEORGIA PACIFIC CO	2006-02-01	20001102CA 2371815A1	62
109	AU647858B	Ozone bleaching of high consistency pulp	INTERNATIONAL PAPER CO	1994-03-31	19920204US 5085734A_	62
110	BR200514465A	Processes for the production of a sheet of tobacco in strip and for the production of a sheet of paper for tobacco, sheet tobacco on the strip, and, cigarette	R J REYNOLDS TOBACCO CO	2008-06-10	20040316US 6705325B1	61
111	US5543215A	Polymeric binders for binding particles to fibers	WEYERHAEUSER CO	1996-08-06	19940303CA 2140263A1	61
112	AU199350199A	Particle binders	WEYERHAEUSER CO	1994-03-15	19940303CA 2140263A1	61
113	JP05081222B2	The support material for recording materials	SCHOELLER GMBH & CO KG FELIX	2012-11-28	20070927DE 102006014183A1	60
114	WO2007110367A1	Layer support for recording materials	SCHOELLER GMBH & CO KG FELIX	2007-10-04	20070927DE 102006014183A1	60
115	CN101410570A	Layer support for recording materials	SCHOELLER GMBH & CO KG FELIX	2009-04-15	20070927DE 102006014183A1	60
116	EP2010712A1	Layer support for recording materials	SCHOELLER GMBH & CO KG FELIX	2009-01-07	20070927DE 102006014183A1	60
117	DE102006014183A1	Layer support for recording materials	SCHOELLER TECHNOCELL GMBH & CO KG DE	2007-09-27	20070927DE 102006014183A1	60
118	US7067244B2	Rapid triglyceride assay for use in pulp pitch control	ENZYMATIC DEINKING TECHNOLOGIES LLC	2006-06-27	20021031CA 2424775A1	60
119	US6271007B1	Yeast strains for the production of xylitol	XYROFIN OY	2001-08-07	19910701FI 913197A0	60
120	US10280559B2	Process for producing increased bulk pulp fibers, pulp fibers obtained, and products incorporating same	INTERNATIONAL PAPER CO	2019-05-07	20180510US 20180127919A1	59
121	US20180127919A1	Process for producing increased bulk pulp fibers, pulp fibers obtained, and products incorporating same	INTERNATIONAL PAPER CO	2018-05-10	20180510US 20180127919A1	59
122	EP1230456A1	Cellulose ethers and method of preparing the same	BUCKEYE TECHNOLOGIES INC	2002-08-14	20001102CA 2371815A1	59

（续）

排序	公开号	标题	申请人	公开日期	INPADOC 同族专利 ID	权利要求数量
123	CN1360651A	Cellulose ethers and method of preparing the same	GEORGIA PACIFIC CO	2002-07-24	20001102CA 2371815A1	59
124	JP03497166B2	Bonding with respect to a fiber	WEYERHAEUSER CO	2004-02-16	19940303CA 2140263A1	59
125	US20020025435A1	Particle binding to fibers	WEYERHAEUSER CO	2002-02-28	19940303CA 2140263A1	59
126	EP655971B1	Methode pour lier des particules a des fibres	WEYERHAEUSER CO	2002-09-25	19940303CA 2140263A1	59
127	DE69332380T2	Binden von partikel an fasern	WEYERHAEUSER CO	2003-02-13	19940303CA 2140263A1	59
128	DE69332336T3	Verfahren zum binden von partikeln an fasern	WEYERHAEUSER CO	2006-06-01	19940303CA 2140263A1	59
129	EP655971B2	Methode pour lier des particules a des fibres	WEYERHAEUSER CO	2005-11-23	19940303CA 2140263A1	59
130	EP655970A1	Particle binding to fibers	WEYERHAEUSER CO	1995-06-07	19940303CA 2140263A1	59
131	US9080162B2	Cellulase variants	NOVOZYMES A/S	2015-07-14	20121018WO 2012142171A2	58
132	US20040084159A1	Chemically cross-linked cellulosic fiber and method of making same	RAYONIER PERFORMANCE FIBERS LLC	2004-05-06	20031218CA 2488887A1	58
133	EP3535452A1	Process for producing increased bulk pulp fibers, pulp fibers obtained, and products incorporating same	INTERNATIONAL PAPER CO	2019-09-11	20180510US 20180127919A1	57
134	AU2012276247A1	Catalytic biomass conversion	NANO-GREEN BIOREFINERIES INC	2014-02-13	20130103CA 2839348A1	57
135	US20060115634A1	Resin coated papers with imporved performance	HP INC	2006-06-01	20060601US 20060115633A1	57
136	US20070215300A1	Solvents for use in the treatment of lignin-containing materials	VIRIDIAN CHEM PTY LTD	2007-09-20	20030828AU 2003904323A0	57
137	CN1836068A	Solvents for use in the treatment of lignin-containing materials	VIRIDIAN CHEM PTY LTD	2006-09-20	20030828AU 2003904323A0	57
138	EP1654415A1	Solvents for use in the treatment of lignin-containing materials	VIRIDIAN CHEM PTY LTD	2006-05-10	20030828AU 2003904323A0	57
139	AU2004264447A1	Solvents for use in the treatment of lignin-containing materials	VIRIDIAN CHEM PTY LTD	2006-02-16	20030828AU 2003904323A0	57
140	US20030111193A1	Wood pulp fiber morphology modifications through thermal drying	KIMBERLY-CLARK CORP	2003-06-19	20030619US 20030111193A1	57

（续）

排序	公开号	标题	申请人	公开日期	INPADOC 同族专利 ID	权利要求数量
141	EP1456463A2	Process for modifying wood pulp fiber morphology	KIMBERLY-CLARK CO	2004-09-15	20030619US 20030111193A1	57
142	MX2004005854A	Wood pulp fiber morphology modifications through thermal drying	KIMBERLY-CLARK CO	2004-09-13	20030619US 20030111193A1	57
143	US5538783A	Non-polymeric organic binders for binding particles to fibers	WEYERHAEUSER CO	1996-07-23	19940303CA 2140263A1	57
144	AU199190403A	Ozone bleaching of high consistency pulp	INTERNATIONAL PAPER CO	1992-05-26	19920204US 5085734A_	57
145	US20140113335A1	Improved cellulase variants	NOVOZYMES A/S	2014-04-24	20121018WO 2012142171A2	56
146	DE102007059736A1	Surface-mineralized organic fibres	OMYA AG	2009-06-18	20090618CA 2708618A1	56
147	CN101970752A	Surface-mineralized organic fibres	OMENIA INTERNATIONAL CO	2011-02-09	20090618CA 2708618A1	56
148	KR2010103818A	Surface-mineralized organic fibers	OMYA AG	2010-09-28	20090618CA 2708618A1	56
149	US20060006361A1	Clathrate of chlorine dioxide	AMERICAN SCIENCE AND ENGINEERING INC	2006-01-12	20060112US 20060006361A1	56
150	US5589256A	Particle binders that enhance fiber densification	WEYERHAEUSER CO	1996-12-31	19940303CA 2140263A1	56
151	BR199306920A	Process for binding particles to fibers with binder fibrous product particles coated with binder and absorbent article	WEYERHAEUSER CO	1999-01-12	19940303CA 2140263A1	56
152	US5264080A	Archival aperture card	3M CO	1993-11-23	19921013CA 2065751A1	56
153	US20140284008A1	Modified cellulose from chemical kraft fiber and methods of making and using the same	GEORGIA PACIFIC CO	2014-09-25	20101202CA 2763024A1	55
154	CN104911938A	High-yield and improving performance of fibre	WESTROCK CO	2015-09-16	20081218CA 2690571A1	54
155	US20160333529A9	High yield and enhanced performance fiber	WESTROCK INDUSTRIES	2016-11-17	20081218CA 2690571A1	54
156	US20150211188A1	High yield and enhanced performance fiber	WESTROCK INDUSTRIES	2015-07-30	20081218CA 2690571A1	54
157	US20030019596A1	Metal substituted xerogels for improved peroxide bleaching of kraft pulps	INST PAPER SCI & TECHNOLOGY INC	2003-01-30	20030130US 20030019596A1	54

（续）

排序	公开号	标题	申请人	公开日期	INPADOC 同族专利 ID	权利要求数量
158	EP745160A1	Fibers which can be densified and method for their production	WEYERHAEUSER CO	1996-12-04	19940303CA 2140263A1	54
159	MX199603432A	Densifying agents for enhancing fiber densification	WEYERHAEUSER CO	1997-03-29	19940303CA 2140263A1	54
160	US20060115633A1	System and a method for inkjet image supporting medium	HP INC	2006-06-01	20060601US 20060115633A1	53
161	DE602004002934T2	Procede de blanchiment et de stabilisation du brillant de materiaux lignocellulosiques a l'aide de phosphines hydrosolubles ou de composes de phosphonium	FPI INNOVATIONS	2007-05-10	20040819CA 2514798A1	53
162	EP1590525B1	Procede de blanchiment et de stabilisation du brillant de materiaux lignocellulosiques a l'aide de phosphines hydrosolubles ou de composes de phosphonium	FPI INNOVATIONS	2006-10-25	20040819CA 2514798A1	53
163	US20050045289A1	Wood pulp fiber morphology modifications through thermal drying	KIMBERLY-CLARK CORP	2005-03-03	20030619US 20030111193A1	53
164	MX2001010897A	Cellulose ethers and method of preparing the same	BUCKEYE TECHNOLOGIES INC	2002-11-07	20001102CA 2371815A1	53
165	US20020124980A1	Inhibition of pulp and paper yellowing using nitroxides, hydroxylamines and other coadditives	CIBA HOLDING AG	2002-09-12	19990125ZA 199806521B_	53
166	US5127591A	Apparatus for crushing or grinding of fibrous material, in particular drum refiner	ANDRITZ AG	1992-07-07	19881103SE 198803990D0	53
167	US20100319862A1	Ionic liquid systems for the processing of biomass, their components and/or derivatives, and mixtures thereof	UNIVERSITY OF ALABAMA	2010-12-23	20090827WO 2009105236A1	52
168	US20050245159A1	Breathable barrier composite with hydrophobic cellulosic fibers	WYETH	2005-11-03	20051103US 20050245159A1	52
169	US5853535A	Process for manufacturing bleached pulp including recycling	INTERNATIONAL PAPER CO	1998-12-29	19941004US 5352332A_	52
170	KR1728910B1	Modified cellulose from chemical kraft fiber and methods of making and using the same	GEORGIA PACIFIC CORPORATION	2017-04-20	20101202CA 2763024A1	51
171	KR2013006660A	Modified cellulose from chemical kraft fiber and methods of making and using the same	GEORGIA PACIFIC CORPORATION	2013-01-17	20101202CA 2763024A1	51
172	US20110017415A1	Wet-end manufacturing process for bitumen-impregnated fiberboard	MEADOWS INC W R	2011-01-27	20100304US 20100055485A1	51

（续）

排序	公开号	标题	申请人	公开日期	INPADOC 同族专利 ID	权利要求数量
173	US20090155238A1	Xylanases, nucleic acids encoding them and methods for making and using them	BP P L C	2009-06-18	20070823CA 2638801A1	51
174	EP1590525A1	Bleaching and brightness stabilization of lignocellulosic materials with water-soluble phospines or phosphonium compounds	FPI INNOVATIONS	2005-11-02	20040819CA 2514798A1	51
175	US20050115692A1	Method for the production of improved pulp	ITALMATCH CHEM SPA	2005-06-02	20021212CA 2447533A1	51
176	US6336602B1	Low speed low intensity chip refining	FPI INNOVATIONS	2002-01-08	19991202CA 2333047A1	51
177	EP655970B1	Liaison de particules a des fibres	WEYERHAEUSER CO	2002-10-09	19940303CA 2140263A1	51
178	US4259147A	Pulping process	NEW FIBERS INT INC	1981-03-31	19810217CA 1095663A1	51
179	JP2013010006A	The modified cellulose derived from a chemical Craft fiber, and the method of producing and using it	GEORGIA PACIFIC CORPORATION	2013-01-17	20101202CA 2763024A1	50
180	US20100331457A1	Surface-mineralized organic fibers	OMYA AG	2010-12-30	20090618CA 2708618A1	50
181	MY153601A	Surface-mineralized organic fibers	OMYA AG	2015-02-27	20090618CA 2708618A1	50
182	BR200413559A	Treatment of lignin-containing material such as wood pulp and bagasse comprises contacting lignin-containing material with ionic liquid	VIRIDIAN CHEM PTY LTD	2006-10-17	20030828AU 2003904323A0	50
183	US5308896A	Particle binders for high bulk fibers	WEYERHAEUSER CO	1994-05-03	19940303CA 2140263A1	50
184	US5611885A	Particle binding to fibers	WEYERHAEUSER CO	1997-03-18	19940303CA 2140263A1	50
185	AU199350198A	Particle binding to fibers	WEYERHAEUSER CO	1994-03-15	19940303CA 2140263A1	50

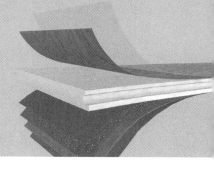

第4章　多指标核心专利分析

4.1　核心专利识别

本研究采用专利被引数量、同族专利成员数量和权利要求数量3个指标的综合加权分值来识别核心专利，分值采用百分制，其中专利被引数量、同族专利成员数量和权利要求数量分别设定为0.45、0.45、0.1。

各个单项指标的分值计算主要采用K均值聚类算法。K均值聚类是最著名的划分聚类算法，由于简洁和效率使得它成为所有聚类算法中最广泛使用的。K均值聚类算法是先随机选取K个对象作为初始的聚类中心，K值由用户指定。然后计算每个对象与各个种子聚类中心之间的距离，把每个对象分配给距离它最近的聚类中心。聚类中心以及分配给它们的对象就代表一个聚类。一旦全部对象都被分配了，每个聚类的聚类中心会根据聚类中现有的对象被重新计算。这个过程将不断重复直到满足某个终止条件。终止条件可以是没有（或最小数目）对象被重新分配给不同的聚类，没有（或最小数目）聚类中心再发生变化，误差平方和局部最小。

由于本研究分值采用百分制，因此K值设置为100。各个指标的分值计算方法如下（表4-1）。

表4-1　木浆专利各类指标权重及单项分值计算方法

序号	指标类别	权重系数	单项分值计算方法（百分制）
1	专利被引数量	0.45	根据K均值聚类算法，将所有专利按被引证数量进行聚类分析，划分为100个类别，根据被引证数量从低到高分别赋予1~100分。每件专利文献根据该方法获得分数称为K均值引证聚类分数
2	同族专利成员数量	0.45	根据K均值聚类算法，将所有专利按同族专利成员数量进行聚类分析，划分为100个类别，根据同族专利成员数量从低到高分别赋予1~100分。每件专利文献根据该方法获得分数称为K均值同族聚类分数
3	权利要求数量	0.1	根据K均值聚类算法，将所有专利按权利要求数量进行聚类分析，划分为100个类别，根据权利要求数量从低到高分别赋予1~100分。每件专利文献根据该方法获得分数称为K均值权利要求聚类分数

基于上述专利重要性评估指标及分值计算方法，本研究中单篇专利文献重要性指数分值计算式如下：

专利文献重要性指数$=0.45 \times K$均值引证聚类分数$+0.45 \times K$均值同族聚类分数$+0.1 \times K$均值权利要求聚类分数

根据本研究的计算方法和计算结果，识别出专利文献重要性指数 50 以上的专利共 73 个，作为木浆行业核心专利文献（表 4-2）。这些核心专利文献中，有效专利 18 件，失效专利 44 件，国际专利文献 11 件。

4.2　核心专利分析

根据本研究的方法识别出木浆技术相关的核心专利文献 73 个，对筛选出的核心专利进行具体分析如下。

4.2.1　年度分析

全球木浆相关技术核心专利的申请年份分布分析表明（图 4-1），木浆相关核心专利技术主要分布在 1987—2012 年间，这期间木浆相关的核心专利技术不断涌现，促进了木浆相关技术的快速发展。

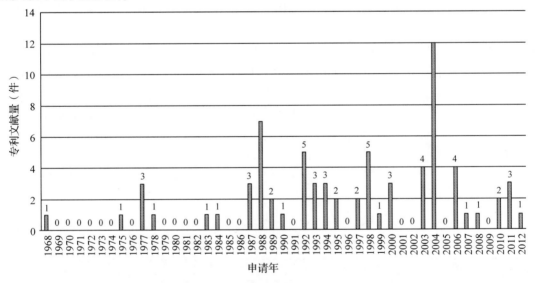

图 4-1　全球木浆相关技术核心专利申请年份分布

表 4-2　全球木浆行业核心专利列表

排序	公开号	标题	申请人	公开日期	施引专利数量（件）	同族成员数量（件）	权利要求数量（件）	法律状态	专利重要性指数（分）
1	WO2004016760A2	Novel variant of hypocrea jecorina CBH1 cellulases	DANISCO A/S	2004-02-26	199	58	0	进入国家阶段	82
2	WO2005001036A2	Novel trichoderma genes	DANISCO A/S	2005-01-06	367	27	0	进入国家阶段	75
3	WO2010138941A2	Modified cellulose from chemical kraft fiber and methods of making and using the same	GEORGIA PACIFIC CO	2010-12-02	85	87	0	进入国家阶段	73
4	US5308896A	Particle binders for high bulk fibers	WEYERHAEUSER CO	1994-05-03	194	26	36	期限届满	74
5	WO1999006574A1	Cellulose degrading enzymes of aspergillus	ROYAL DSM NV	1999-02-11	169	26	25	未进入国家阶段	71
6	US5589256A	Particle binders that enhance fiber densification	WEYERHAEUSER CO	1996-12-31	147	26	39	期限届满	70
7	US5547745A	Particle binders	WEYERHAEUSER CO	1996-08-20	121	25	47	期限届满	67
8	US4820749A	Reinforced polymer composites with wood fibers grafted with silanes	BESHAY A D	1989-04-11	112	26	42	期限届满	66
9	US5547541A	Method for densifying fibers using a densifying agent	WEYERHAEUSER CO	1996-08-20	142	25	13	期限届满	66
10	US5886306A	Layered acoustical insulating web	KG FIBERS INC	1999-03-23	107	31	0	期限届满	66
11	US4590114A	Stabilized absorbent structure containing thermoplastic fibers	PERSONAL PROD CO	1986-05-20	115	26	29	期限届满	66
12	US5447977A	Particle binders for high bulk fibers	WEYERHAEUSER CO	1995-09-05	110	26	13	期限届满	64
13	US5693411A	Binders for binding water soluble particles to fibers	WEYERHAEUSER CO	1997-12-02	109	25	27	期限届满	63
14	US4044185A	Decorative sheet for solid color laminates	WESTINGHOUSE ELECTRIC COMPANY LLC	1977-08-23	57	42	0	期限届满	62
15	EP315507A2	Nonwoven fabric of hydroentangled elastic and non-elastic filaments	AVINTIV INC	1989-05-10	35	75	23	期限届满	61

（续）

排序	公开号	标题	申请人	公开日期	施引专利数量（件）	同族成员数量（件）	权利要求数量（件）	法律状态	专利重要性指数（分）
16	US5346588A	Process for the chlorine-free bleaching of cellulosic materials with ozone	METSO PAPER OY	1994-09-13	71	30	13	期限届满	61
17	US4578070A	Absorbent structure containing corrugated web layers	SCA INCONTINENCE CARE NORTH AMERICA INC	1986-03-25	165	18	16	期限届满	60
18	US5607546A	CTMP-process	MOLNLYCKE HEALTH CARE AB	1997-03-04	40	69	0	期限届满	60
19	US5077394A	Porphyrins and uses thereof	CLARIANT AG	1991-12-31	22	111	42	期限届满	60
20	US4755421A	Hydroentangled disintegratable fabric	GEORGIA PACIFIC CO	1988-07-05	265	12	13	期限届满	59
21	JP1097300A	Nonwoven fibrous web and its production	FORT JAMES CO	1989-04-14	18	87	57	期限届满	58
22	US6268328B1	Variant EGIII-like cellulase compositions	DANISCO A/S	2001-07-31	238	11	20	期限届满	58
23	US5352480A	Method for binding particles to fibers using reactivatable binders	WEYERHAEUSER CO	1994-10-04	125	17	31	期限届满	57
24	US4141509A	Bale loader for fluff generator	CURT G JOA INC	1979-02-27	87	22	26	期限届满	57
25	US5893525A	Refiner plate with variable pitch	ANDRITZ AG	1999-04-13	62	27	0	期限届满	56
26	US4129132A	Fibrous material and method of making the same	JOHNSON & JOHNSON	1978-12-12	81	22	20	期限届满	55
27	US4808467A	High strength hydroentangled nonwoven fabric	FIBERWEB NORTH AMERICA INC	1989-02-28	264	9	13	期限届满	55
28	WO2001029309A1	Method of making carboxylated cellulose fibers and products of the method	WEYERHAEUSER CO	2001-04-26	80	22	16	未进入国家阶段	55
29	US3538551A	Disc type fiberizer	JOA CG	1970-11-10	61	25	18	期限届满	55
30	US6416651B1	Multi-electrode composition measuring device and method	HONEYWELL INC	2002-07-09	272	8	15	期限届满	55

（续）

排序	公开号	标题	申请人	公开日期	施引专利数量（件）	同族成员数量（件）	权利要求数量（件）	法律状态	专利重要性指数（分）
31	US6558937B1	Cellulose degrading enzymes of aspergillus	ROYAL DSM NV	2003-05-06	10	111	46	期限届满	55
32	WO199931255A2	Novel EGIII-like enzymes, DNA encoding such enzymes and methods for producing such enzymes	DANISCO A/S	1999-06-24	204	11	0	未进入国家阶段	54
33	EP303528A1	Hydroentangled disintegratable fabric	FORT JAMES CO	1989-02-15	90	18	32	期限届满	53
34	JP2503086A	Porphyrins and uses thereof	DOLPHIN D H	1990-09-27	10	111	27	期限届满	53
35	US5853535A	Process for manufacturing bleached pulp including recycling	INTERNATIONAL PAPER CO	1998-12-29	33	33	22	期限届满	52
36	JP2003527065A	Novel EGIII-like enzymes, DNA encoding such enzymes and methods for producing such enzymes	DANISCO A/S	2003-09-16	5	111	42	期限届满	52
37	US5807364A	Binder treated fibrous webs and products	WEYERHAEUSER CO	1998-09-15	136	11	30	期限届满	51
38	KR198904021A	Hydroentangled disintegratable fabric	FORT JAMES CO	1989-04-19	1	111	55	期限届满	51
39	EP403849A2	High opacity paper containing expanded fiber and mineral pigment	WEYERHAEUSER CO	1990-12-27	2	111	48	期限届满	51
40	EP308320B1	High strength nonwoven fabric	AVINTIV INC	1993-11-18	1	111	49	期限届满	51
41	US6471824B1	Carboxylated cellulosic fibers	INTERNATIONAL PAPER CO	2002-10-29	132	11	25	期限届满	51
42	AU508579B	Non-woven fabric-like material	KIMBERLY-CLARK CO	1977-09-30	0	111	49	期限届满	50
43	WO198800798A1	Porphyrins, their syntheses and uses thereof	DOLPHIN D H	1988-10-20	23	48	0	进入国家阶段	50
44	AU197729271A	Nonwoven fabric	KIMBERLY-CLARK CO	1978-09-30	0	111	47	期限届满	50
45	US4952278A	High opacity paper containing expanded fiber and mineral pigment	WEYERHAEUSER CO	1990-08-28	116	12	32	期限届满	50

（续）

排序	公开号	标题	申请人	公开日期	施引专利数量（件）	同族成员数量（件）	权利要求数量（件）	法律状态	专利重要性指数（分）
46	WO2005001036A8	Novel trichoderma genes	DANISCO A/S	2006-08-24	0	87	57	进入国家阶段	50
47	US5300192A	Wet laid fiber sheet manufacturing with reactivatable binders for binding particles to fibers	WEYERHAEUSER CO	1994-04-05	233	26	34	期限	76
48	US5614570A	Absorbent articles containing binder carrying high bulk fibers	WEYERHAEUSER CO	1997-03-25	176	26	10	届满	70
49	WO2006125517A1	Process of bleaching	UNILEVER PLC	2006-11-30	107	26	40	授权	65
50	US20050277172A1	Novel variant hypocrea jecorina CBH1 cellulases	DANISCO A/S	2005-12-15	28	75	55	授权	61
51	US7452707B2	CBH1 homologs and variant CBH1 cellulases	DANISCO A/S	2008-11-18	29	75	33	授权	60
52	US20050054039A1	Novel CBH1 homologs and variant CBH1 cellulases	DANISCO A/S	2005-03-10	28	75	15	授权	57
53	JP2003512540A	Method of making carboxylated cellulose fibers and products of the method	WEYERHAEUSER CO	2003-04-02	70	24	22	授权	56
54	US20120175073A1	Modified cellulose from chemical kraft fiber and methods of making and using the same	GEORGIA PACIFIC CO	2012-07-12	17	87	25	授权	55
55	US20060260773A1	Ligno cellulosic materials and the products made therefrom	INTERNATIONAL PAPER CO	2006-11-23	68	24	0	授权	54
56	US8232080B2	Variant hyprocrea jecorina CBH1 cellulases	DANISCO A/S	2012-07-31	6	111	44	授权	53
57	US20110177561A1	Novel CBH1 homologs and varian CBH1 cellulase	DANISCO A/S	2011-07-21	5	111	39	授权	52
58	EP2322607A1	Novel variant hyprocrea jecorina CBH1 cellulases with increase thermal stability comprising substitution or deletion at position S113	DANISCO A/S	2011-05-18	5	111	36	授权	51
59	JP2011152136A	CBH1 homologue and variant CBH1 cellulase	DANISCO A/S	2011-08-11	2	111	49	授权	51

（续）

排序	公开号	标题	申请人	公开日期	施引专利数量（件）	同族成员数量（件）	权利要求数量（件）	法律状态	专利重要性指数（分）
60	US2010020593A1	CIP1 polypeptides and their uses	DANISCO A/S	2010-08-12	2	111	49	授权	51
61	EP1862626A1	Novel trichoderma genes	DANISCO A/S	2007-12-05	3	111	35	授权	50
62	US7666648B2	Isolated polypeptide having arabinofuranosidase activity	DANISCO A/S	2010-02-23	8	111	12	授权	50
63	US20070128690A1	Novel trichoderma genes	DANISCO A/S	2007-06-07	7	111	16	授权	50
64	EP1627049B1	Nouveaux genes de trichoderma	DANISCO A/S	2010-02-17	0	87	57	授权	50
65	EP1862540A1	Novel trichoderma genes	DANISCO A/S	2007-12-05	0	87	57	授权	50
66	EP1862539A1	Novel trichoderma genes	DANISCO A/S	2007-12-05	0	87	57	授权	50
67	EP1627049A4	Novel trichoderma genes	DANISCO A/S	2007-05-23	0	87	57	授权	50
68	EP1862587A2	Chemical activation and refining of southern pine kraft fibers	INTERNATIONAL PAPER CO	2007-12-05	32	69	33	未缴年费	60
69	WO2005017252A1	Solvents for use in the treatment of lignin-containing materials	VIRIDIAN CHEM PTY LTD	2005-02-24	82	25	25	未进入国家阶段	59
70	US20070173431A1	Novel variant hypocrea jercorina CBH1 cellulases	DANISCO A/S	2007-07-26	23	58	15	未缴年费	53
71	JP2006515506A	New variant cellobiohydrolase（CBH）I cellulase from hypocrea jecorina	DANISCO A/S	2006-06-01	15	111	0	未缴年费	52
72	US7951570B2	CBH1 homologs and variant CBH1 cellulases	DANISCO A/S	2011-05-31	6	111	36	未缴年费	52
73	WO2005028636A2	Novel CBH1 homologs and variant CBH1 cellulases	DANISCO A/S	2005-03-31	163	11	0	未进入国家阶段	51

4.2.2　优先权国家(地区)分析

全球木浆相关技术核心专利的最早优先权国家(地区)分析表明(图 4-2),木浆相关核心专利技术主要在美国,美国掌握了全球木浆核心专利的 91.78%。此外,掌握有木浆相关核心专利的国家还包括澳大利亚、奥地利和瑞典。

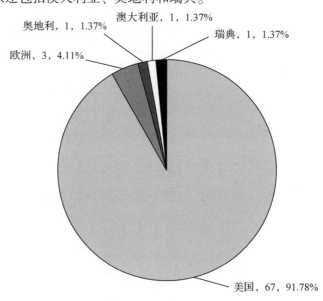

图 4-2　全球木浆相关技术核心专利优先权国家(地区)分布

4.2.3　公开国家(机构)分析

全球木浆相关技术核心专利的公开国家(机构)分析表明(图 4-3),木浆相关技术核心专利文献主要分布在美国,占核心专利文献总量的 57.53%,其次是欧洲专利局专利(15.07%)和国际专利(15.07%)。木浆相关技术核心专利的优先权分析表明,核心专利不但主要掌握在美国手中,而且受关注最多,影响最大的也是权利人在美国申请的专利。

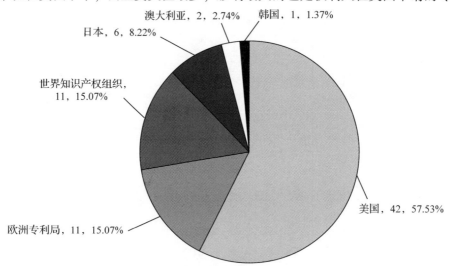

图 4-3　全球木浆相关技术核心专利公开国家(机构)分布

4.2.4 申请人分析

全球木浆相关技术核心专利的申请人分析表明(图 4-4),木浆相关核心专利技术主要掌握在 DANISCO、WEYERHAEUSER 和 INTERNATIONAL PAPER 三家公司手中,这 3 个公司掌握了全球木浆相关技术领域的核心专利 53.43%,是木浆相关技术领域的最强竞争者。此外,掌握有木浆相关技术核心专利的企业还包括 FORT JAMES 公司(3 件)和 GEORGIA PACIFIC 公司(3 件)等。

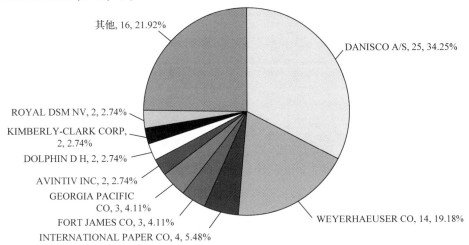

图 4-4 全球木浆相关技术核心专利申请人分布

4.2.5 法律状态分析

全球木浆相关技术核心专利的法律状态(根据 DWPI 数据库 INPADOC 法律状态)分析表明(图 4-5、图 4-6),木浆相关技术核心专利文献中有效的授权专利 18 件,占总量的 24.66%;失效专利 44 件,占总量的 60.27%;国际公开 11 件,占总量的 15.07%。失效专利中,期限届满而权利终止的专利为 40 件(54.79%),这些专利保持了专利权的最长维持时间,表明专利权具有较高的稳定性同时具有较高的价值,值得权利人持续投入经费进行维持。

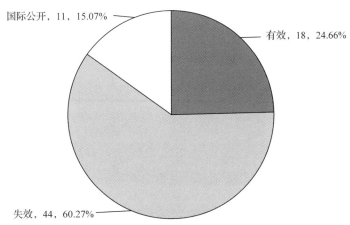

图 4-5 全球木浆相关技术核心专利法律状态分析

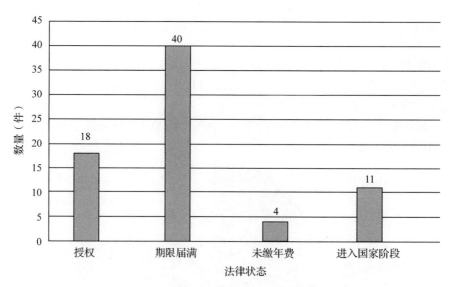

图 4-6　全球木浆相关技术核心专利详细法律状态分析

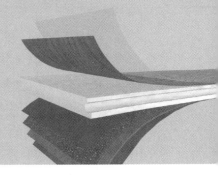

第 5 章　核心专利汇编

5.1　有效核心专利

根据本研究识别出全球木浆相关技术核心专利文献共 73 个，根据专利文献法律状态，其中有效专利 18 件，法律状态均为授权。对这些授权专利文献的标题和摘要进行翻译，并将专利的基本信息(包括：中文标题、公开号、公开日期、申请号、申请日期、英文名称、申请人、发明人、法律状态、中文摘要、说明附图)汇编如下。

5.1.1　新型变异性红褐肉座菌 CBH1 纤维素酶

公开号：US20050277172A1

公开日期：2005-12-15

申请号：US2003641678A

申请日期：2003-08-15

英文名称：Novel variant hypocrea jecorina CBH1cel lulases

申请人：DANISCO A/S

发明人：Anthony D；Day A；Day A G；Frits G；Goedegebuur F；Goedgebuur F；Gualfetti P；Mitchinson C；Neefe P；Neefe-Kruithof P；Sandgren M；Shaw A；Stahlberg J

法律状态：授权

中文摘要：本发明描述的是红褐肉座菌 CBH1，一种 Cel7 酶的变体，一种新型纤维二糖水解酶，其热稳定性和可逆性得到改善。可用作清洁剂或饲料添加剂，用于处理木浆或将生物质转化为糖。

5.1.2　CBH1 同源物和变异的 CBH1 纤维素酶

公开号：US7452707B2

公开日期：2008-11-18

申请号：US2004804785A

申请日期：2004-03-19

英文名称：CBH1 homologs and variant CBH1 cellulases

申请人：DANISCO A/S

发明人：Anthony D；Day A；Day A G；Frits G；Goedegebuur F；Goedgebuur F；Gualfetti P；Mitchinson C；Neefe P；Neefe-Kruithof P；Sandgren M；Shaw A；Stahlberg J

法律状态：授权

中文摘要：本发明是关于红褐肉座菌 Cel7A（以前称为里氏木霉纤维二糖水解酶Ⅰ或 CBH1）的许多同源物和变体，该核酸的编码及其生产方法。可用作清洁剂或饲料添加剂，用于处理木浆或将生物质转化为糖。

5.1.3 新型变异性红褐肉座菌 CBH1 纤维素酶

公开号：US20050054039A1

公开日期：2005-03-10

申请号：US2004804785A

申请日期：2004-03-19

英文名称：Novel CBH1 homologs and variant CBH1 cellulases

申请人：DANISCO A/S

发明人：Anthony D；Day A；Day A G；Frits G；Goedegebuur F；Goedgebuur F；Gualfetti P；Mitchinson C；Neefe P；Neefe-Kruithof P；Sandgren M；Shaw A；Stahlberg J

法律状态：授权

中文摘要：本发明是关于红褐肉座菌 Cel7A（以前称为里氏木霉纤维二糖水解酶Ⅰ或 CBH1）的许多同源物和变体，该核酸的编码及其生产方法。可用作清洁剂或饲料添加剂，用于处理木浆或将生物质转化为糖。

5.1.4 吸收性纤维素产品与再生纤维素在原位形成

公开号：JP2003512540A

公开日期：2003-04-02

申请号：JP2003512540A

申请日期：2010-10-06

英文名称：Method of making carboxylated cellulose fibers and products of the method

申请人：WEYERHAEUSER CO

发明人：Sumnicht D W

法律状态：授权

中文摘要：一种制备吸收性纤维素片的方法，包括形成造纸纤维网、挤出未脱氢纤维素的纤维素原液、在网上处理原液和原位再生纤维素原液。再生的花丝的旦尼尔值在 0.05~20 之间。

5.1.5 化学牛皮纸纤维的改性纤维素及其制备和使用方法

公开号：US20120175073A1

公开日期：2012-07-12

申请号：US13322419A

申请日期：2012-03-30

英文名称：Modified cellulose from chemical kraft fiber and methods of making and using the same

申请人：GEORGIA PACIFIC CO

发明人：Abitz P；Abitz P R；Courchene C；Courchene C E；Courchene Ch E；Nonni A；Nonni A J；Slone C；Slone C M；Slone Ch M；Tippey D

法律状态：授权

中文摘要：本发明提供了具有独特性能的改性牛皮纸浆纤维制备方法。改性纤维可以是改性漂白牛皮纸纤维，与常规纤维几乎没有区别，除了它的聚合度(DP)低外。还提供了制备改性纤维的方法和由其制成的产品。该方法是一步酸性的铁催化的过氧化物处理工艺，可以将其纳入多阶段漂白过程的一个阶段。所述产品可以是化学纤维素原料、微晶纤维素原料、绒毛浆和由它们制成的产品。

5.1.6　木质纤维素材料及其制成的产品

公开号：US20060260773A1

公开日期：2006-11-23

申请号：US2006417268A

申请日期：2006-05-02

英文名称：Ligno cellulosic materials and the products made therefrom

申请人：INTERNATIONAL PAPER CO

发明人：Damaris L；Gopal G；Goyal G；Lorenzoni D；Sen Y；Tan Z；Yang S；Zheng T

法律状态：授权

中文摘要：本发明是一种氧化剂处理木质纤维素材料方法，在过渡金属催化剂存在下，用氧化氢、次氯酸盐、次氯酸及其任意组合的氧化剂处理木质纤维素材料，尤其是处理纸浆，主要用于尿布和女性卫生用品的木浆处理。

5.1.7　变种红褐肉座菌 CBH1 纤维素酶

公开号：US8232080B2

公开日期：2012-07-31

申请号：US13107702A

申请日期：2011-05-13

英文名称：Variant hyprocrea jecorina CBH1 cellulases

申请人：DANISCO A/S

发明人：Anthony D；Day A；Day A G；Frits G；Goedegebuur F；Goedegebuur F；Gualfetti P；Mitchinson C；Neefe P；Neefe-Kruithof P；Sandgren M；Shaw A；Stahlberg J

法律状态：授权

中文摘要：本发明描述的是红褐肉座菌 CBH1，一种 Cel7 酶的变体，一种新型纤维二糖水解酶，其热稳定性和可逆性得到改善。可用作清洁剂或饲料添加剂，用于处理木浆或将生物质转化为糖。

5.1.8　新型 CBH1 同源酶和 Varian-CBH1 纤维素酶

公开号：US20110177561A1

公开日期：2011-07-21

申请号：US13072516A

申请日期：2011-03-25

英文名称：Novel CBH1 homologs and varian CBH1 cellulase

申请人：DANISCO A/S

发明人：Anthony D；Day A；Day A G；Frits G；Goedegebuur F；Goedgebuur F；Gualfetti P；Mitchinson C；Neefe P；Neefe-Kruithof P；Sandgren M；Shaw A；Stahlberg J

法律状态：授权

中文摘要：本发明公开了红褐肉座菌 Cel7A（以前称为里氏木霉纤维二糖水解酶 I 或 CBH1）的许多同源物和变体，该核酸的编码及其生产方法。可用作清洁剂或饲料添加剂，用于处理木浆或将生物质转化为糖。

5.1.9　热稳定性增强的新型变体 Hyprocrea jecorina CBH1 纤维素酶

公开号：EP2322607A1

公开日期：2011-05-18

申请号：EP2010184819A

申请日期：2003-08-15

英文名称：Novel variant Hyprocrea jecorina CBH1 cellulases with increase thermal stability comprising substitution or deletion at position S113

申请人：DANISCO A/S

发明人：Anthony D；Day A；Day A G；Frits G；Goedegebuur F；Goedgebuur F；Gualfetti P；Mitchinson C；Neefe P；Neefe-Kruithof P；Sandgren M；Shaw A；Stahlberg J

法律状态：授权

中文摘要：本发明描述的是红褐肉座菌 CBH1，一种 Cel7 酶的变体，一种新型纤维二糖水解酶，其热稳定性和可逆性得到改善。可用作清洁剂或饲料添加剂，用于处理木浆或将生物质转化为糖。

5.1.10　CBH1 同系物和变异 CBH1 纤维素酶

公开号：JP2011152136A

公开日期：2011-08-11

申请号：JP201145120A

申请日期：2011-03-02

英文名称：CBH1 homolog and variant CBH1 cellulase

申请人：DANISCO A/S

发明人：Goedegebuur F；Gualfetti P；Mitchinson C；Neefe P

法律状态：授权

中文摘要：本发明是关于纤维二糖水解酶Ⅰ的同源物和变体，是红褐肉座菌 Cel7A 的同源基因和变种基因(以前称为里氏木霉纤维二糖水解酶Ⅰ或 CBH1)，可用作清洁剂或饲料添加剂，用于处理木浆或将生物质转化为糖。

5.1.11　CIP1 多肽及其应用

公开号：US20100203593A1

公开日期：2010-08-12

申请号：US2010683108A

申请日期：2010-01-06

英文名称：CIP1 Polypeptides and their uses

申请人：DANISCO A/S

发明人：Foreman P；Goedegebuur F；VAN Dolingen P；Van Solingen P；Ward M

法律状态：授权

中文摘要：本发明是关于从里氏木霉中分离到的新基因序列。两个编码蛋白质的基因组成一个纤维素结合域，描述了阿拉伯呋喃糖苷酶编码和乙酰木聚糖酯酶编码。序列 CIP1 和 CIP2 包含一个纤维素结合域。这些蛋白质在纺织和洗涤剂工业以及纸浆和造纸工业中特别有用。

5.1.12　新型木霉属基因

公开号：EP1862626A1

公开日期：2007-12-05

申请号：EP200714764A

申请日期：2004-05-28

英文名称：Novel trichoderma genes

申请人：DANISCO A/S

发明人：Foreman P；Goedegebuur F；Van Dolingen P；Van Solingen P；Ward M

法律状态：授权

中文摘要：本发明是关于从里氏木霉中分离到的新基因序列。两个编码蛋白质的基因组成一个纤维素结合域，描述了阿拉伯呋喃糖苷酶编码和乙酰木聚糖酯酶编码。序列 CIP1 和 CIP2 包含一个纤维素结合域。这些蛋白质在纺织和洗涤剂工业以及纸浆和造纸工业中特别有用。

5.1.13　具有阿拉伯呋喃糖苷酶活性的分离多肽

公开号：US7666648B2

公开日期：2010-02-23

申请号：US2003555358A

申请日期：2006-12-22

英文名称：Isolated polypeptide having arabinofuranosidase activity

申请人：DANISCO A/S

发明人：Foreman P；Goedegebuur F；Van Dolingen P；Van Solingen P；Ward M

法律状态：授权

中文摘要：本发明是关于从里氏木霉中分离到的新基因序列。两个编码蛋白质的基因组成一个纤维素结合域，描述了阿拉伯呋喃糖苷酶编码和乙酰木聚糖酯酶编码。序列 CIP1 和 CIP2 包含一个纤维素结合域。这些蛋白质在纺织和洗涤剂工业以及纸浆和造纸工业中特别有用。

5.1.14　新型木霉属基因

公开号：US20070128690A1

公开日期：2007-06-07

申请号：US2003555358A

申请日期：2006-12-22

英文名称：Novel trichoderma genes

申请人：DANISCO A/S

发明人：Foreman P；Goedegebuur F；Van Dolingen P；Van Solingen P；Ward M

法律状态：授权

中文摘要：本发明是关于从里氏木霉中分离到的新基因序列。两个编码蛋白质的基因组成一个纤维素结合域，描述了阿拉伯呋喃糖苷酶编码和乙酰木聚糖酯酶编码。序列 CIP1 和 CIP2 包含一个纤维素结合域。这些蛋白质在纺织和洗涤剂工业以及纸浆和造纸工业中特别有用。

5.1.15　新型木霉属基因

公开号：EP1627049B1

公开日期：2010-02-17

申请号：EP2004753666A

申请日期：2004-05-28

英文名称：Novel trichoderma genes

申请人：DANISCO A/S

发明人：Foreman P；Goedegebuur F；Van Dolingen P；Van Solingen P；Ward M

法律状态：授权

中文摘要：本发明是关于从里氏木霉中分离到的新基因序列。两个编码蛋白质的基因组成一个纤维素结合域，描述了阿拉伯呋喃糖苷酶编码和乙酰木聚糖酯酶编码。序列 CIP1 和 CIP2 包含一个纤维素结合域。这些蛋白质在纺织和洗涤剂工业以及纸浆和造纸工业中特别有用。

5.1.16 新型木霉属基因

公开号：EP1862540A1

公开日期：2007-12-05

申请号：EP200714762A

申请日期：2004-05-28

英文名称：Novel trichoderma genes

申请人：DANISCO A/S

发明人：Foreman P；Goedegebuur F；Van Dolingen P；Van Solingen P；Ward M

法律状态：授权

中文摘要：本发明是关于从里氏木霉中分离到的新基因序列。两个编码蛋白质的基因组成一个纤维素结合域，描述了阿拉伯呋喃糖苷酶编码和乙酰木聚糖酯酶编码。序列CIP1 和 CIP2 包含一个纤维素结合域。这些蛋白质在纺织和洗涤剂工业以及纸浆和造纸工业中特别有用。

5.1.17 新型木霉属基因

公开号：EP1862539A1

公开日期：2007-12-05

申请号：EP200714763A

申请日期：2004-05-28

英文名称：Novel trichoderma genes

申请人：DANISCO A/S

发明人：Foreman P；Goedegebuur F；Van Dolingen P；Van Solingen P；Ward M

法律状态：授权

中文摘要：本发明是关于从里氏木霉中分离到的新基因序列。两个编码蛋白质的基因组成一个纤维素结合域，描述了阿拉伯呋喃糖苷酶编码和乙酰木聚糖酯酶编码。序列CIP1 和 CIP2 包含一个纤维素结合域。这些蛋白质在纺织和洗涤剂工业以及纸浆和造纸工业中特别有用。

5.1.18 新型木霉属基因

公开号：EP1627049A4

公开日期：2007-05-23

申请号：EP2004753666A

申请日期：2004-05-28

英文名称：Novel trichoderma genes

申请人：DANISCO A/S

发明人：Foreman P；Goedegebuur F；Van Dolingen P；Van Solingen P；Ward M

法律状态：授权

中文摘要：本发明是关于从里氏木霉中分离到的新基因序列。两个编码蛋白质的基因组成一个纤维素结合域，描述了阿拉伯呋喃糖苷酶编码和乙酰木聚糖酯酶编码。序列CIP1 和 CIP2 包含一个纤维素结合域。这些蛋白质在纺织和洗涤剂工业以及纸浆和造纸工业中特别有用。

5.2 失效核心专利

根据本研究识别出全球木浆相关技术核心专利文献共 73 个，根据专利文献法律状态，其中失效专利 44 件，法律状态分别为期限届满 40 件、未缴年费 4 件。对这些失效专利文献的标题和摘要进行翻译，并将专利的基本信息（包括：中文标题、公开号、公开日期、申请号、申请日期、英文名称、申请人、发明人、法律状态、中文摘要汇编如下。

5.2.1 用可再活化的黏合剂将颗粒黏合到纤维上的湿法铺制纤维片材

公开号：US5300192A

公开日期：1994-04-05

申请号：US1992931213A

申请日期：1992-08-17

英文名称：Wet laid fiber sheet manufacturing with reactivatable binders for binding particles to fibers

申请人：WEYERHAEUSER CO

发明人：Hansen Michael R；Young Sr Richard H

法律状态：期限届满

中文摘要：本发明是关于在湿法板生产线上生产卷筒纸时，黏合剂被应用于纤维。粒子通过一种挥发性比水小的黏合剂与纤维材料结合，其中，黏结剂具有能够与纤维形成氢键的功能组，能与粒子形成氢键或配位共价键的功能组，通过加入热量、液体或机械能，黏合剂可以被激活或重新激活，这样，经过黏合剂处理的纤维可以在粒子与纤维结合之前被运送到一个分布点。该黏结剂可以是从聚乙二醇、聚丙烯乙二醇、聚丙烯酸、聚酰胺和聚酰胺组成的基团中选择的聚合物黏结剂，其中聚合物黏结剂在聚合物黏结剂的每个重复单元上具有氢键官能团或配位共价键形成官能团，或者，该黏结剂可以是非聚合物有机黏结剂，其中包括诸如羧酸、醇、氨基酸、酰胺和胺的官能团，其中分子上至少有两种这样的官能团，它们可能具有相同的或不同的功能。以这种方式附着在纤维上的颗粒附着牢固，不易脱落。用这种方法生产的纤维产品包括与颗粒结合的纤维，也可能包括其他纤维。

5.2.2 高膨松纤维的颗粒黏合剂

公开号：US5308896A

公开日期：1994-05-03

申请号：US1992931284A

申请日期：1992-08-17

英文名称：Particle binders for high bulk fibers

申请人：WEYERHAEUSER CO

发明人：Hansen Michael R；Young Sr Richard H

法律状态：期限届满

中文摘要：本发明是关于在湿法板生产线上生产卷筒纸时，黏合剂被应用于纤维。粒子通过一种挥发性比水小的黏合剂与纤维材料结合，其中，黏结剂具有能够与纤维形成氢键的功能组，能与粒子形成氢键或配位共价键的功能组，通过加入热量、液体或机械能，黏合剂可以被激活或重新激活，这样，经过黏合剂处理的纤维可以在粒子与纤维结合之前被运送到一个分布点。该黏结剂可以是从聚乙二醇、聚丙烯乙二醇、聚丙烯酸、聚酰胺和聚酰胺组成的基团中选择的聚合物黏结剂，其中聚合物黏结剂在聚合物黏结剂的每个重复单元上具有氢键功能或协调共价键形成功能，或者，该黏结剂可以是非聚合物有机黏结剂，包括功能，如羧酸、醇、氨基酸、酰胺和胺，其中分子上至少有两种这样的功能，它们可能是相同的或不同的功能。以这种方式附着在纤维上的颗粒附着牢固，不易脱落。用这种方法生产的纤维产品包括与颗粒结合的纤维，也可能包括其他纤维。

5.2.3　增强纤维密度的颗粒黏合剂

公开号：US5589256A

公开日期：1996-12-31

申请号：US1992931279A

申请日期：1992-08-17

英文名称：Particle binders that enhance fiber densification

申请人：WEYERHAEUSER CO

发明人：Hansen M R；Young R H

法律状态：期限届满

中文摘要：一种生产易致密的高膨体纤维的方法，这种纤维具有粘附的微粒。高膨体纤维具有氢键或配位共价键功能，在纤维上应用黏合剂将颗粒与纤维结合。该黏结剂具有与颗粒形成氢键或配位共价键的官能团，以及与纤维形成氢键的官能团。粘附在纤维上的颗粒的很大一部分通过氢键或配位共价键以颗粒形式粘附在黏结剂上，而黏结剂又通过氢键粘附在纤维上。含有颗粒的纤维经此方法结合后容易致密化。

5.2.4　含有高膨体纤维的黏合剂的吸水性物品

公开号：US5614570A

公开日期：1997-03-25

申请号：US1995416338A

申请日期：1995-04-04

英文名称：Absorbent articles containing binder carrying high bulk fibers

申请人：WEYERHAEUSER CO

发明人：Hansen M R；Young R H

法律状态：期限届满

中文摘要：一种生产易致密的高膨体纤维的方法，这种纤维具有粘附的微粒。高膨体纤维具有氢键或配位共价键功能，在纤维上应用黏合剂将颗粒与纤维结合。该黏结剂具有与颗粒形成氢键或配位共价键的官能团，以及与纤维形成氢键的官能团。粘附在纤维上的颗粒的很大一部分通过氢键或配位共价键以颗粒形式粘附在黏结剂上，而黏结剂又通过氢键粘附在纤维上。含有颗粒的纤维经此方法结合后容易致密化。

5.2.5　颗粒黏结剂

公开号：US5547745A

公开日期：1996-08-20

申请号：US1993108217A

申请日期：1993-08-17

英文名称：Particle binders

申请人：WEYERHAEUSER CO

发明人：Hansen M R；Young R H

法律状态：期限届满

中文摘要：一种生产易致密的高膨体纤维的方法，这种纤维具有粘附的微粒。高膨体纤维具有氢键或配位共价键功能，在纤维上应用黏合剂将颗粒与纤维结合。该黏结剂具有与颗粒形成氢键或配位共价键的官能团，以及与纤维形成氢键的官能团。粘附在纤维上的颗粒的很大一部分通过氢键或配位共价键以颗粒形式粘附在黏结剂上，而黏结剂又通过氢键粘附在纤维上。含有颗粒的纤维经此方法结合后容易致密化。

5.2.6　木纤维与硅烷接枝的增强聚合物复合材料

公开号：US4820749A

公开日期：1989-04-11

申请号：US198795119A

申请日期：1987-09-11

英文名称：Reinforced polymer composites with wood fibers grafted with silanes

申请人：BESHAY A D

发明人：Beshay A D

法律状态：期限届满

中文摘要：本发明是一种以聚合物或共聚物为基础的复合材料，它可以是热塑性或热固性材料或橡胶，也可以是纤维素或淀粉等有机材料。纤维素材料接枝了一种硅化剂。本发明还公开了制备该复合材料的方法。

5.2.7 使用致密剂致密化纤维的方法

公开号：US5547541A

公开日期：1996-08-20

申请号：US1994197483A

申请日期：1994-02-16

英文名称：Method for densifying fibers using a densifying agent

申请人：WEYERHAEUSER CO

发明人：Hansem M R；Young R H

法律状态：期限届满

中文摘要：本发明是将致密化剂施加到纤维上以改善纤维的致密化性质。致密剂可以是有机或无机的，也可以将软化剂施加到纤维上，以软化纤维和包括这种纤维的制品。

5.2.8 分层隔声网

公开号：US5886306A

公开日期：1999-03-23

申请号：US1997898061A

申请日期：1997-07-22

英文名称：Layered acoustical insulating web

申请人：KG FIBERS INC

发明人：Chhabra G；Patel K

法律状态：期限届满

中文摘要：本发明公开了一种用于车辆、农场设备、飞机和火车的声学网络。该网络具有多个用黏合剂黏合的纤维素层。多层无纺隔音棉，包括多层漂白木浆和少量与低甲醛乳胶树脂混合的合成纤维。

5.2.9 含热塑性纤维的稳定吸收结构

公开号：US4590114A

公开日期：1986-05-20

申请号：US1984601754A

申请日期：1984-04-18

英文名称：Stabilized absorbent structure containing thermoplastic fibers

申请人：PERSONAL PROD CO

发明人：Holtman D C

法律状态：期限届满

中文摘要：本发明是热塑性机械木浆纤维的棉絮通过包含少量热塑性纤维来稳定，在纤维交叉处，将后一种纤维彼此加热熔融，并与热机械木浆纤维相结合，以提供支持网络，从而抑制热机械木浆纤维的塌缩和团聚。

5.2.10　高膨松纤维的颗粒黏合剂

公开号：US5447977A

公开日期：1995-09-05

申请号：US1993153819A

申请日期：1993-11-15

英文名称：Particle binders for high bulk fibers

申请人：WEYERHAEUSER CO

发明人：Hansen M R；Young R H

法律状态：期限届满

中文摘要：一种生产易致密的高膨体纤维的方法，这种纤维具有粘附的微粒。高膨体纤维具有氢键或配位共价键功能，在纤维上应用黏合剂将颗粒与纤维结合。该黏结剂具有与颗粒形成氢键或配位共价键的官能团，以及与纤维形成氢键的官能团。粘附在纤维上的颗粒的很大一部分通过氢键或配位共价键以颗粒形式粘附在黏结剂上，而黏结剂又通过氢键粘附在纤维上。含有颗粒的纤维经此方法结合后容易致密化。

5.2.11　将水溶性颗粒粘合到纤维上的黏合剂

公开号：US5693411A

公开日期：1997-12-02

申请号：US1993107467A

申请日期：1993-08-17

英文名称：Binders for binding water soluble particles to fibers

申请人：WEYERHAEUSER CO

发明人：Hansen M R；Young R Ho

法律状态：期限届满

中文摘要：本发明涉及的改进纤维可用于吸收性物品，如一次性尿布、女性卫生用品和绷带。水溶性颗粒通过一种黏合剂与纤维材料结合，该黏合剂中的颗粒具有少量可溶性，且其挥发性小于水。该黏结剂具有能够与纤维形成氢键的官能团，以及能够与颗粒形成氢键或配位共价键的官能团。可以通过加入热量、液体或机械能来激活或重新激活黏结剂，这样经过黏结剂处理的纤维就可以在粒子与纤维结合之前被运送到一个分布点。

5.2.12　纯色层压板装饰板

公开号：US4044185A

公开日期：1977-08-23

申请号：US1975542311A

申请日期：1975-01-20

英文名称：Decorative sheet for solid color laminates

申请人：WESTINGHOUSE ELECTRIC COMPANY LLC

发明人：Mccaskey H O；Palazzolo S E

法律状态：期限届满

中文摘要：本发明是一种彩色装饰塑料层压板，由核心层和叠加装饰层构成。由人造纤维或纤维素木浆纤维装饰层在芯层上形成的树脂浸渍、着色，最后制成装饰层压板。

5.2.13　长丝无纺布

公开号：EP315507A2

公开日期：1989-05-10

申请号：EP1988402706A

申请日期：1988-10-27

英文名称：Nonwoven fabric of hydroentangled elastic and nonelastic filaments

申请人：AVINTIV INC

发明人：Austin J A；Hagy；Hagy D；Hagy M D

法律状态：期限届满

中文摘要：本发明涉及的弹性无纺布由人造短纤维或木浆制成，或两者都与热塑性弹性聚合物的弹性网或网水力缠结。

5.2.14　臭氧对纤维素材料进行无氯漂白的方法

公开号：US5346588A

公开日期：1994-09-13

申请号：US1992859236A

申请日期：1992-03-26

英文名称：Process for the chlorine-free bleaching of cellulosic materials with ozone

申请人：METSO PAPER OY

发明人：Gettsinger G；Goetzinger G；Gotzinger G；Heglinger A；Hendel P；Hoeglinger A；Hoglinger A；Kurz F；Peter W；Ruckl W；Rueckl W；Schneeweis M；Schneeweisz M；Schrittwie A；Schrittwieser A；Siksta H；Sixta Hbaumgartner D J

法律状态：期限届满

中文摘要：本发明是水悬浮液中纸浆的无氯漂白一种方法，包括形成浓度为 3% ~ 20% 的悬浮液。向该悬浮液中加入一种臭氧含量为 20~300 克/立方米的含臭氧气体，以不超过 2% 质量百分比的臭氧量对悬浮液的干浆进行计算，在强烈搅拌悬浮液时形成反应混合物；在将含臭氧气体引入悬浮体时，将其压力维持在 1~15 巴，控制含臭氧气体与悬浮液接触时的反应条件，使反应温度保持在 15~80℃，pH 值保持在 1~8。

5.2.15　波纹网层的吸水结构

公开号：US4578070A

公开日期：1986-03-25

申请号：US1983523473A

申请日期：1983-08-15

英文名称：Absorbent structure containing corrugated web layers

申请人：SCA INCONTINENCE CARE NORTH AMERICA INC

发明人：Holtaman D C；Holtman D C

法律状态：期限届满

中文摘要：本发明是关于吸收性瓦楞纸结构，例如卫生巾，包括合成纤维的纤维网，紧接在具有较高毛细压力的离散纤维层旁。所述吸收剂产品具有以非织造网形式的第一纤维层和与第一层分离但与第一层结合的第二层。第二层具有比第一层更高的毛细管压力，以提供优先的吸引力和液体导丝。该层是潮湿时，波纹和稳定保持横向褶皱。

5.2.16　化机浆工艺

公开号：US5607546A

公开日期：1997-03-04

申请号：US1994337420A

申请日期：1994-11-07

英文名称：CTMP-process

申请人：MOLNLYCKE HEALTH CARE AB

发明人：Back R；Baeck R；Bjork R；Danielsson O；Falk B；Hoeglund H；Hoglund H

法律状态：期限届满

中文摘要：本发明是由木质纤维素材料制成的具有吸收性的化学热机械浆的方法，木材产量在88%以上，低树脂含量在0.15%以下，长纤维含量在70%以上，短纤维含量在10%以下，裂片含量在3%以下。所述浆料生产方法包括浸渍、预热、脱除和洗涤等步骤。

5.2.17　南方松树硫酸盐纤维的化学活化和精制

公开号：EP1862587A2

公开日期：2007-12-05

申请号：EP200712839A

申请日期：2004-09-22

英文名称：Chemical activation and refining of southern pine kraft fibers

申请人：INTERNATIONAL PAPER CO

发明人：Maurer K；Maurer K L；Nguyen X；Nguyen X C O I；Tan Z；Tan Z C O I

法律状态：未缴年费

中文摘要：本发明是关于调节造纸用纤维素纤维形态的一种方法，包括在 pH 值为1~9 之间对纤维进行金属离子活化过氧化物处理的步骤。

5.2.18　卟啉及其用途

公开号：US5077394A

公开日期：1991-12-31

申请号：US1989455663A

申请日期：1989-12-21

英文名称：Porphyrins and uses thereof

申请人：CLARIANT AG

发明人：Dolphin D H；Farrell R L；Kirk T K；Maione T E；Nakano T；Wijesekera T P

法律状态：期限届满

中文摘要：本发明是关于一种新型的稳定水溶性氧化物四苯基卟啉，这种新的卟啉特别适合作为各种氧化反应和反应的催化剂，在木浆脱木素中作为催化剂使用。

5.2.19 水力缠络可分解织物

公开号：US4755421A

公开日期：1988-07-05

申请号：US198782512A

申请日期：1987-08-07

英文名称：Hydroentangled disintegratable fabric

申请人：GEORGIA PACIFIC CO

发明人：Manning J H；Miller J H；Quantrille T E

法律状态：期限届满

中文摘要：本发明公开了一种非织造纤维网，当包装在防腐剂液体负载中时，具有高的湿抗拉强度，但在潮湿环境中的温和搅拌条件下，例如通过厕所的冲洗作用，该纤维网会破裂。这种雨刷包括一种由特殊纤维混合而成的非织造网，仅通过摩擦和自然形成的氢键结合在一起，不需要黏合剂把纤维粘在一起。纤维的衍生化对于其可分解性是不必要的。非织造纤维网是在不添加黏合剂的情况下，对纤维素纤维湿铺网进行水缠结和烘干而制成的。水力缠结的可分解织物包括木浆纤维和再生纤维素或其他合成纤维。

5.2.20 非织造纤维网及其生产方法

公开号：JP1097300A

公开日期：1989-04-14

申请号：JP1988193549A

申请日期：1988-08-04

英文名称：Nonwoven fibrous web and its production

申请人：FORT JAMES CO

发明人：Manning J H；Miller J H；Quantrille T E

法律状态：期限届满

中文摘要：本发明是有关非织造纤维网及其生产方法。利用纸浆纤维和再生纤维素短纤维，获得一种在污水管道系统搅拌下易碎、可生物降解、适用于擦洗人体局部的非织造布，使其具有一定的湿抗拉强度。在潮湿的环境中，非织造纤维网机械上易碎且可生物降解。

5.2.21   新型类 EGIII 型纤维素酶组合物

公开号：US6268328B1

公开日期：2001-07-31

申请号：US1998216295A

申请日期：1998-12-18

英文名称：Variant EGIII-like cellulase compositions

申请人：DANISCO A/S

发明人：Mitchinson C；Wendt D；Wendt D J；Wendt J

法律状态：期限届满

中文摘要：本发明涉及一种新型变体 EGIII 或类 EGIII 纤维素酶，它具有更好的稳定性。变异的纤维素酶将性能敏感的残基取代残基具有改善的稳定性。用于处理纺织品和木浆。

5.2.22   使用可再活化黏合剂将颗粒与纤维结合的方法

公开号：US5352480A

公开日期：1994-10-04

申请号：US1992931278A

申请日期：1992-08-17

英文名称：Method for binding particles to fibers using reactivatable binders

申请人：WEYERHAEUSER CO

发明人：Hansen M R；Young R H

法律状态：期限届满

中文摘要：本发明是将颗粒(如高吸水性颗粒)通过一种挥发性比水小的黏合剂与纤维(如纤维素纤维)结合。该黏结剂具有能够与纤维形成氢键的官能团，以及能够与颗粒形成氢键或配位共价键的官能团。通过加入热量、液体或机械能使黏合剂活化或再活化。因此，经过黏结剂处理的纤维可以在粒子与纤维结合之前被运送到分布点。通过加入热量、液体或机械能使黏合剂活化或再活化。因此，经过黏结剂处理的纤维可以在粒子与纤维结合之前被运送到分布点。该黏合剂可以是从聚乙二醇、聚丙烯乙二醇、聚(己内酰胺)二醇、聚丙烯酸、聚酰胺和聚酰胺组成的基团中选择的聚合物黏合剂。该聚合物黏结剂在该聚合物黏结剂的每个重复单元上具有氢键功能或配位共价键形成功能。或者，该黏结剂可以是非聚合物有机黏结剂，包括功能，如羧酸、醛、醇、氨基酸、酰胺和胺，其中分子上至少有两种这样的功能。以这种方式附着在纤维上的颗粒附着牢固，不易脱落。用这种方法生产的纤维产品包括与颗粒结合的纤维，以及经黏合剂处理但未与颗粒结合的纤维。

5.2.23   绒毛发生器的大包装载机

公开号：US4141509A

公开日期：1979-02-27

申请号：US1978867734A

申请日期：1978-01-06

英文名称：Bale loader for fluff generator

申请人：CURT G JOA INC

发明人：Radzins E A

法律状态：期限届满

中文摘要：本发明是将一捆堆放的木浆片装入连续旋转的棉包铣床的方法和设备，通常位于部分已耗尽的棉包的顶部。草捆装载机支架安装在草捆碾磨支架的上方，并具有在草捆碾磨支架继续旋转和新鲜草捆装入草捆装载机支架的同时，有选择地固定草捆装载机支架的机构。当需要将新鲜草捆转移到草捆铣床时，两个草捆驱动与草捆对齐。然后将草捆装载机支架的地板收回，重力将新鲜草捆从草捆装载机支架转移到草捆碾磨支架中。转移完成后，捆包装载机支架停止与捆包机对齐，使其准备接受另一个新的捆包。

5.2.24 可变间距的磨浆板

公开号：US5893525A

公开日期：1999-04-13

申请号：US1997886310A

申请日期：1997-07-01

英文名称：Refiner plate with variable pitch

申请人：ANDRITZ AG

发明人：Gingras L

法律状态：期限届满

中文摘要：本发明是一种用于木浆研磨机的变螺距转盘磨浆机板。其包括多个精磨机段，所述多个精磨机段并排布置在所述盘的表面上，以形成基本环形的精磨区域。每个精磨机段都有一个内部精炼区和一个外部精炼区，用于接收待精炼的物料。外部精炼区具有多个径向布置的杆，其限定了顶表面，以及多个径向布置的通道，其布置在所述杆之间，限定了下底表面。至少一个顶表面具有至少一个径向延伸的凹槽，该凹槽限定了一对叶片，并且在该凹槽的底部具有中间底面。中间基础表面位于顶表面和下基础表面之间的高度，凹槽的宽度比通道的宽度窄。

5.2.25 纤维材料和制作方法

公开号：US4129132A

公开日期：1978-12-12

申请号：US1977838611A

申请日期：1977-10-03

英文名称：Fibrous material and method of making the same

申请人：JOHNSON & JOHNSON

发明人：Butterworth G A M；Elias R T；Miller W D

法律状态：期限届满

中文摘要：本发明是关于一种纤维材料以及其制作方法。是一种高蓬松度，低密度的非织造纤维材料，包括两层不规则排列、交叉、重叠、机械相互作用、松散组合的纤维，其中一层至少在其与另一层的界面处的部分包括热塑性合成木浆纤维，至少一层中的部分热塑性合成木浆纤维与该另一层的纤维部分接触并融合。该材料是通过将上述各层依次空铺而成，使其中一层的一些热塑性合成木浆纤维与另一层的一些纤维接触，然后无压力加热，使其中一层的至少部分热塑性合成木浆纤维与另一层的纤维熔合粘合而成。

5.2.26 高强度水缠非织造布

公开号：US4808467A

公开日期：1989-02-28

申请号：US198797157A

申请日期：1987-09-15

英文名称：High strength hydroentangled nonwoven fabric

申请人：FIBERWEB NORTH AMERICA INC

发明人：Israel J；Martucci S；Martucci S L K；Suskind S P

法律状态：期限届满

中文摘要：本发明涉及的含有木浆和纺织纤维的强吸水非织造布是通过与连续长丝、基材卷筒进行水缠结而制成的。织物可以是开孔的，也可以是非开孔的，并可制成防水材料，用于医疗和外科手术。

5.2.27 盘式纤维化机

公开号：US3538551A

公开日期：1970-11-10

申请号：USD3538551A

申请日期：1968-05-15

英文名称：Disc type fiberizer

申请人：JOA CG

发明人：Joa Curt G

法律状态：期限届满

中文摘要：本发明是涉及一种盘式木浆成纤机，风扇型外壳的正面有进料口开口，通过其将纸浆网送入壳体。光盘在外壳的正面和背面之间旋转，并在横向于纸幅进给的路径上靠近纸幅。销钉从圆盘伸出并纤网。它们的轴线垂直于圆盘的离心力方向，以抵抗剪切力。进气口在圆盘轴线附近并通过至少一个面敞开。通过开口吸入的空气被圆盘推动，并沿外壳气动输送纤维。

5.2.28 多电极组成测量装置及方法

公开号：US6416651B1

公开日期：2002-07-09

申请号：US1999258550A

申请日期：1999-02-26

英文名称：Multi-electrode composition measuring device and method

申请人：HONEYWELL INC

发明人：Millar O

法律状态：期限届满

中文摘要：本发明包括一种用于确定制浆液中一种或多种组分的量的设备和方法。在第一电极处，在包括要测量液体的每种成分的半波电势的电压范围内提供变化的电压，并考虑由改变的工艺参数引起的半波电势的变化。在第二电极（大约是第一电极大小的 1/4~1/3）处，在各种液体成分的已知半波电位附近监测电流强度的导数。使用曲线拟合方法，电流强度的导数和选定的其他工艺条件数据可用于确定各种液体成分的浓度。

5.2.29　曲霉纤维素降解酶

公开号：US6558937B1

公开日期：2003-05-06

申请号：US1999463712A

申请日期：2000-04-04

英文名称：Cellulose degrading enzymes of aspergillus

申请人：ROYAL DSM NV

发明人：De Graaff L H；Gielkens M M C；Visser J

法律状态：期限届满

中文摘要：本发明描述了两种源自曲霉属的纤维二糖水解酶多肽（CBHA 和 CBHB），可用于降解纤维素。描述了这些肽的变体以及编码肽，载体和宿主细胞的 DNA。该肽可用于生产或加工食品、动物饲料、木浆、纸张和纺织品。

5.2.30　水力缠结可分解织物

公开号：EP303528A1

公开日期：1989-02-15

申请号：EP1988401936A

申请日期：1988-07-26

英文名称：Hydroentangled disintegratable fabric

申请人：FORT JAMES CO

发明人：Manning J H；Miller J H；Quantrille T E

法律状态：期限届满

中文摘要：本发明公开了一种非织造纤维网，当包装在防腐剂液体负载中时，具有高的湿抗拉强度，但在潮湿环境中的温和搅拌条件下，例如通过厕所的冲洗作用，该纤维网会破裂。这种雨刷包括一种由特殊纤维混合而成的非织造网，仅通过摩擦和自然形成的氢键结合在一起，不需要黏合剂把纤维粘在一起。纤维的衍生化对于其可分解性是不必要的。非织造纤维网是在不添加黏合剂的情况下，对纤维素纤维湿铺网进行水缠结和烘干而制成的。水力缠结的可分解织物包括木浆纤维和再生纤维素或其他合成纤维。

5.2.31　新型变体红褐肉座菌 CBH1 纤维素酶

公开号：US20070173431A1

公开日期：2007-07-26

申请号：US2007728219A

申请日期：2007-03-22

英文名称：Novel variant hypocrea jercorina CBH1 cellulases

申请人：DANISCO A/S

发明人：Anthony D；Day A；Day A G；Frits G；Goedegebuur F；Goedgebuur F；Gualfetti P；Mitchinson C；Neefe P；Neefe-Kruithof P；Sandgren M；Shaw A；Stahlberg J

法律状态：未缴年费

中文摘要：本发明涉及的是红褐肉座菌 CBH1，一种 Cel7 酶的变体。本发明提供了具有改善的热稳定性和可逆性的新型纤维二糖水解酶。可用作清洁剂或饲料添加剂，用于处理木浆或将生物质转化为糖。

5.2.32　卟啉及其用途

公开号：JP2503086A

公开日期：1990-09-27

申请号：JP1988503781A

申请日期：1988-04-15

英文名称：Porphyrins and uses thereof

申请人：DANISCO A/S

发明人：Dolphin D H；Farrell R；Farrell R L；Kirk T；Kirk T K；Maione T；Maione T E；Nakano T；Wijesekera T P

法律状态：期限届满

中文摘要：本发明是关于一种新型的稳定水溶性氧化物四苯基卟啉，这种新的卟啉特别适合作为各种氧化反应和反应的催化剂，在木浆脱木素中作为催化剂使用。

5.2.33　漂白纸浆的方法以及回收利用

公开号：US5853535A

公开日期：1998-12-29

申请号：US1994335099A

申请日期：1994-11-07

英文名称：Process for manufacturing bleached pulp including recycling

申请人：INTERNATIONAL PAPER CO

发明人：Caron J R；Fleck J A；Maples G E

法律状态：期限届满

中文摘要：本发明提供了一种木浆漂白工艺，包括使木浆在棕色原浆洗涤后经过氧脱木素阶段、洗涤阶段、二氧化氯漂白阶段、氧化提取阶段，至少选择二氧化氯漂白阶段，然后从氧化提取阶段反循环滤液，目前通过漂白装置和棕色原液洗涤。此外，有益的是，从二氧化氯漂白阶段的滤液也逆流循环通过棕色浆液洗涤，从而大大减少与漂白木浆生产相关的环境影响。

5.2.34 新型高红褐肉座菌 CBH1 纤维素酶

公开号：JP2006515506A

公开日期：2006-06-01

申请号：JP2004529470A

申请日期：2003-08-15

英文名称：New variant cellobiohydrolase（CBH）I cellulase from hypocrea jecorina

申请人：DANISCO A/S

发明人：Anthony D；Day A；Day A G；Frits G；Goedegebuur F；Goedgebuur F；Gualfetti P；Mitchinson C；Neefe P；Neefe-Kruithof P；Sandgren M；Shaw A；Stahlberg J

法律状态：未缴年费

中文摘要：本发明涉及的红褐肉座菌 CBH1，一种 Cel7 酶的变体。本发明提供了具有改善的热稳定性和可逆性的新型纤维二糖水解酶。可用作清洁剂或饲料添加剂，用于处理木浆或将生物质转化为糖。

5.2.35 新型类 EGIII 酶以及其 DNA 编码和生产方法

公开号：JP2003527065A

公开日期：2003-09-16

申请号：JP2000539153A

申请日期：1998-12-14

英文名称：Novel EGIII-like enzymes，DNA encoding such enzymes and methods for producing such enzymes

申请人：DANISCO A/S

发明人：Bower B；Bower B S；Bower S；Fowler T；Phillips I；Phillips J；Phillips J I

法律状态：期限届满

中文摘要：本发明涉及一种类 EGIII 纤维素酶，含有特定的氨基酸串，可用于处理纤维素纺织品，用作饲料添加剂，用于木浆处理，将生物质还原为葡萄糖或用作洗衣粉。

5.2.36 CBH1 同系物和变异的 CBH1 纤维素酶

公开号：US7951570B2

公开日期：2011-05-31

申请号：US2008250227A

申请日期：2008-10-13

英文名称：CBH1 homologs and variant CBH1 cellulases

申请人：DANISCO A/S

发明人：Anthony D；Day A；Day A G；Frits G；Goedegebuur F；Goedgebuur F；Gualfetti P；Mitchinson C；Neefe P；Neefe-Kruithof P；Sandgren M；Shaw A；Stahlberg J

法律状态：未缴年费

中文摘要：本发明是关于纤维二糖水解酶 I 的同源物和变体，是红褐肉座菌 Cel7A 的同源基因和变种基因(以前称为里氏木霉纤维二糖水解酶 I 或 CBH1)，可用作清洁剂或饲料添加剂，用于处理木浆或将生物质转化为糖。

5.2.37　黏合剂处理纤维网和产品

公开号：US5807364A

公开日期：1998-09-15

申请号：US1995416375A

申请日期：1995-04-04

英文名称：Binder treated fibrous webs and products

申请人：WEYERHAEUSER CO

发明人：Hansen M R

法律状态：期限届满

中文摘要：本发明主要是用于液体吸收性产品(如卫生巾)的纤维网，包括天然或合成纤维，羟基酸盐、碱或氨基酸的有机盐作为黏合剂，以增强网的致密性。

5.2.38　水力缠络可分解织物

公开号：KR198904021A

公开日期：1989-04-19

申请号：KR198810048A

申请日期：1988-08-06

英文名称：Hydroentangled disintegratable fabric

申请人：FORT JAMES CO

发明人：Manning J H；Miller J H；Quantrille T E

法律状态：期限届满

中文摘要：本发明公开了一种非织造纤维网，当包装在防腐剂液体负载中时，具有高的湿抗拉强度，但在潮湿环境中的温和搅拌条件下，例如通过厕所的冲洗作用，该纤维网会破裂。这种雨刷包括一种由特殊纤维混合而成的非织造网，仅通过摩擦和自然形成的氢键结合在一起，不需要黏合剂把纤维粘在一起。纤维的衍生化对于其可分解性是不必要的。非织造纤维网是在不添加黏合剂的情况下，对纤维素纤维湿铺网进行水缠结和烘干而制成的。水力缠结的可分解织物包括木浆纤维和再生纤维素或其他合成纤维。

5.2.39　含有膨胀纤维和矿物颜料的高不透明纸

公开号：EP403849A2

公开日期：1990-12-27

申请号：EP1990110379A

申请日期：1990-05-31

英文名称：High opacity paper containing expanded fiber and mineral pigment

申请人：WEYERHAEUSER CO

发明人：Gregory P E；Vinson K D

法律状态：期限届满

中文摘要：本发明涉及一种通过加入膨胀纤维和一种不透明矿物颜料而具有高不透明度和提高抗拉强度的纸结构。在纸张结构中加入膨胀纤维，可以通过使用传统的矿物颜料来增加纸张的不透明度，而不会对纸张的抗拉强度产生不利影响。这些不透明的纸结构特别适用于生产高质量、强度、重量轻的印刷和书写纸。

5.2.40　高强度无纺布

公开号：EP308320B1

公开日期：1993-11-18

申请号：EP1988402305A

申请日期：1988-09-14

英文名称：High strength nonwoven fabric

申请人：AVINTIV INC

发明人：Israel J；Martucci S；Martucci S L K；Suskind S P

法律状态：期限届满

中文摘要：本发明涉及的是一种通过与连续长丝基片的水缠结，制备了一种含木浆和纺织纤维的强吸水性非织造布。该织物可以是有孔的或基本上没有孔的，并且可以制成防水剂，用于医疗和外科应用。

5.2.41　羧酸盐纤维素纤维

公开号：US6471824B1

公开日期：2002-10-29

申请号：US1998222372A

申请日期：1998-12-29

英文名称：Carboxylated cellulosic fibers

申请人：INTERNATIONAL PAPER CO

发明人：Jewell R A

法律状态：期限届满

中文摘要：本发明涉及一种羧酸盐纤维素纤维，其具有共价偶联的聚羧酸且保水值大于或等于形成羧化纤维的纤维的保水值，包含羧化纤维的纤维产品，纤维制造方法，以及制造包含纤维的纤维制品的方法。

5.2.42   无纺布类材料

公开号：AU508579B

公开日期：1978-09-30

申请号：AU197729271A

申请日期：1977-09-30

英文名称：Non-woven fabric-like material

申请人：KIMBERLY-CLARK CO

发明人：ANDERSON R A；SOKOLOWSKI R C；OSTERMEIER K W

法律状态：期限届满

中文摘要：本发明涉及的是一种类似非织造布的材料，包括热塑性聚合物微纤维的气成型基体，其平均纤维直径小于10微米，以及个性化木浆纤维的多样性，这些纤维布置在所述的微纤维基质中，并至少使所述的部分微纤维相互隔开，所述木浆纤维通过所述微纤维与所述木浆纤维的机械缠结相互连接并保持在所述微纤维基质内，所述微纤维与木浆纤维之间的机械缠结和相互连接能够单独形成连贯的整体纤维结构。

5.2.43   无纺布

公开号：AU197729271A

公开日期：1978-09-30

申请号：AU197729271A

申请日期：1977-09-30

英文名称：Nonwoven fabric

申请人：KIMBERLY-CLARK CO

发明人：Anderson Richard A；Sokolowski Robert C；Ostermeier Kurt W

法律状态：期限届满

中文摘要：本发明涉及的是一种非织造布类材料，具有独特的强度、吸收性和手感组合，基本上由热塑性聚合物微纤维的空气形成的基体组成，其平均纤维直径小于约10微米，以及分布在微纤维基质中的多种个体化木浆纤维，并且至少接合一些微纤维以将微纤维彼此隔开。木浆纤维通过微纤维与木浆纤维的机械缠结相互连接，并保持在微纤维基体中，微纤维与木浆纤维的机械缠结和相互连接单独形成一个连贯的整体纤维结构。微纤维和木浆纤维在两种不同类型的纤维之间不存在任何黏合剂、分子或氢键，可以形成连贯的整体纤维结构。木浆纤维优选地均匀地分布在微纤维的基体上，以提供均匀的材料。该材料通过以下方式形成：首先形成含有熔喷超细纤维的一次气流，形成含有木浆纤维的二次气流，在湍流条件下将一次气流和二次气流合并，形成含有超细纤维和木浆纤维的完全混合物的整体气流，然后将集成的气流引导到成形表面上，使空气形成织物状材料。当超细纤维在空气中与木浆纤维剧烈混合时，它们在高温下处于柔软的初生状态。

5.2.44　含有膨胀纤维和矿物颜料的高度不透明纸

公开号：US4952278A

公开日期：1990-08-28

申请号：US1989360649A

申请日期：1989-06-02

英文名称：High opacity paper containing expanded fiber and mineral pigment

申请人：WEYERHAEUSER CO

发明人：Gregory P E；Vinson K D

法律状态：期限届满

中文摘要：本发明涉及一种通过加入膨胀纤维和一种不透明矿物颜料而具有高不透明度和提高抗拉强度的纸结构。在纸张结构中加入膨胀纤维，可以通过使用传统的矿物颜料来增加纸张的不透明度，而不会对纸张的抗拉强度产生不利影响。这些不透明的纸结构特别适用于生产高质量、强度、重量轻的印刷和书写纸。

5.3　国际专利文献

根据本研究识别出全球木浆相关技术核心专利文献共 73 个，其中国际专利文献 11 件，根据专利文献状态，进入国家阶段 9 件，未进入国家阶段 2 件。国际专利文献是指申请人根据《专利合作条约》（PCT）提出的专利申请，由世界知识产权组织国际局统一公开的专利文献。PCT 国际申请包括国际阶段和国家阶段，国际专利文献属于国际阶段的公开文本。对核心国际专利文献的标题和摘要进行翻译，并将专利的基本信息（包括：中文标题、公开号、公开日期、申请号、申请日期、英文名称、申请人、发明人、法律状态、中文摘要）汇编如下。

5.3.1　红褐肉座菌 CBH1 纤维素酶的新变体

公开号：WO2004016760A2

公开日期：2004-02-26

申请号：US0325625W

申请日期：2003-08-15

英文名称：Novel variant of hypocrea jecorina CBH1 cellulases

申请人：DANISCO A/S

发明人：Day Anthony G；Goedegebuur Frits；Gualfetti Peter；Mitchinson Colin；Neefe Paulien；Sandgren Mats；Shaw Andrew；Stahlberg Jerry

法律状态：进入国家阶段

中文摘要：本发明描述的是红褐肉座菌 CBH I，一种 Cel7 酶的变体。本发明提供了具有改善的热稳定性和可逆性的新型纤维二糖水解酶，可用作清洁剂或饲料添加剂，用于处理木浆或将生物质转化为糖。

5.3.2　新木霉基因

公开号：WO2005001036A2

公开日期：2005-01-06

申请号：WO2004US16881A

申请日期：2004-05-28

英文名称：Novel trichoderma genes

申请人：DANISCO A/S

发明人：Foreman P；Goedegebuur F；Van Dolingen P；Van Solingen P；Ward M

法律状态：进入国家阶段

中文摘要：本发明描述了从里氏木霉中分离到的新基因序列，编码蛋白质的两个基因组成一个纤维素结合域，描述了编码阿拉伯呋喃糖苷酶和编码乙酰木聚糖酯酶的一种方法，序列 CIP1 和 CIP2 包含一个纤维素结合域，这些蛋白质在纺织和洗涤剂工业以及纸浆和造纸工业中特别有用。

5.3.3　化学牛皮纸纤维的改性纤维素及其制备和使用方法

公开号：WO2010138941A2

公开日期：2010-12-02

申请号：WO2010US36763A

申请日期：2010-05-28

英文名称：Modified cellulose from chemical kraft fiber and methods of making and using the same

申请人：GEORGIA PACIFIC CO

发明人：Slone Christopher Michael；Nonni Arthur J；Courchene Charles E；Abitz Peter R

法律状态：进入国家阶段

中文摘要：本发明提供了一种具有独特性能的改性硫酸盐纸浆纤维。所述改性纤维可以是与常规纤维几乎无法区分的改性漂白牛皮纸纤维，除了聚合度低（DP），还提供了所述改性纤维的制备方法及其产品。

5.3.4　曲霉菌纤维素降解酶

公开号：WO1999006574A1

公开日期：1999-02-11

申请号：WO1998EP5047A

申请日期：1998-07-31

英文名称：Cellulose degrading enzymes of aspergillus

申请人：ROYAL DSM NV

发明人：De Graaff L H；Gielkens M M C；Visser J

法律状态：未进入国家阶段

中文摘要：描述了两种源自曲霉属的纤维二糖水解酶多肽（CBHA 和 CBHB），可用于降解纤维素。描述了这些肽的变体以及编码肽，载体和宿主细胞的 DNA。该肽可用于生产或加工食品、动物饲料、木浆、纸张和纺织品。

5.3.5　漂白方法

公开号：WO2006125517A1

公开日期：2006-11-30

申请号：WO2006EP4260A

申请日期：2006-04-26

英文名称：Process of bleaching

申请人：UNILEVER PLC

发明人：Hage R；Koek J；Koek J H；Manahan O M；Warmoeskerken M；Warmoeskerken M M；Warmoeskerken M M C；Warmoeskerken M M C G

法律状态：进入国家阶段

中文摘要：本发明涉及用预制的过渡金属催化剂的水溶性盐的水溶液与过氧化氢一起漂白基质。

5.3.6　用于处理含木质素物质的溶剂

公开号：WO2005017252A1

公开日期：2005-02-24

申请号：WO2004AU1093A

申请日期：2004-08-13

英文名称：Solvents for use in the treatment of lignin-containing materials

申请人：VIRIDIAN CHEM PTY LTD

发明人：Forsyth S A；Macfarlane D；Macfarlane D R；Upfal J

法律状态：未进入国家阶段

中文摘要：本发明涉及一种处理含木质素物质(如木浆)的方法，甘蔗渣和其他植物原料，包括使含有木质素的物质与离子液体接触以从中提取木质素。离子液体适用于取代或未取代的咪唑、三唑、吡唑、吡啶、吡啶、吡啶、哌啶、铵、磷或磺盐的取代或未取代芳基磺酸盐，如二甲苯磺酸盐的离子液体盐。

5.3.7　制备羧化纤维素纤维的方法及产物

公开号：WO2001029309A1

公开日期：2001-04-26

申请号：WO2000US27837A

申请日期：2000-10-06

英文名称：Method of making carboxylated cellulose fibers and products of the method

申请人：WEYERHAEUSER CO

发明人：Jewell R A；Komen J L；Li Y；Su B；Weerawarna S A

法律状态：未进入国家阶段

中文摘要：本发明涉及一种不降低纤维强度和聚合度的羧化纤维素纤维的制造方法。该方法涉及在水性环境中使用环状氮氧化物自由基化合物作为主要氧化剂，并使用次卤酸盐作为辅助氧化剂。该产品特别可用作造纸纤维，在该纤维中它可以提高强度并对阳离子添加剂具有更高的吸引力。该产品还可用作再生纤维的添加剂，以提高强度。该方法可用于改善原始纤维或再生纤维的性能。

5.3.8 新型 EGIII 样酶，编码此类酶的 DNA 和产生此类酶的方法

公开号：WO1999031255A2

公开日期：1999-06-24

申请号：WO1998US26552A

申请日期：1998-12-14

英文名称：Novel EGIII-like enzymes, DNA encoding such enzymes and methods for producing such enzymes

申请人：DANISCO A/S

发明人：Bower B；Bower B S；Bower S；Fowler T；Phillips I；Phillips J；Phillips J I

法律状态：未进入国家阶段

中文摘要：本发明涉及与里氏木霉的 EGIII 共享某些保守序列的新型酶。EGIII 像具有纤维素分解活性的纤维素酶一样，含有特定的氨基酸串，可用于处理纤维素纺织品，用作饲料添加剂，用于木浆处理，将生物质还原为葡萄糖或用作洗衣粉。

5.3.9 新的 CBH1 同系物和不同的 CBH1 纤维素酶

公开号：WO2005028636A2

公开日期：2005-03-31

申请号：WO2004US8520A

申请日期：2004-03-19

英文名称：Novel CBH1 homologs and variant CBH1 cellulases

申请人：DANISCO A/S

发明人：Goedegebuur F；Gualfetti P；Mitchinson C；Neefe P

法律状态：进入国家阶段

中文摘要：本发明公开了红褐肉座菌 Cel7A（以前称为里氏木霉纤维二糖水解酶 I 或 CBH1）的许多同源物和变体，编码该核酸的核酸及其生产方法。可用于改善洗涤剂成分和食品添加剂，处理木浆以及将生物质转化为糖。

5.3.10 卟啉及其合成和用途

公开号：WO1988007988A1

公开日期：1988-10-20

申请号：WO1988US1240A

申请日期：1988-04-15

英文名称：Porphyrins, their syntheses and uses thereof

申请人：DOLPHIN D H

发明人：Dolphin D H；Farrell R；Farrell R L；Kirk T；Kirk T K；Maione T；Maione T E；Nakano T；Wijesekera T P

法律状态：进入国家阶段

中文摘要：本发明涉及一种四苯基卟啉，这种新的卟啉特别适合作为各种氧化反应和方法的催化剂。

5.3.11 新型木霉属基因

公开号：WO2005001036A8

公开日期：2006-08-24

申请号：WO2004US16881A

申请日期：2004-05-28

英文名称：Novel trichoderma genes

申请人：DANISCO A/S

发明人：Foreman P；Goedegebuur F；Van Dolingen P；Van Solingen P；Ward M

法律状态：进入国家阶段

中文摘要：本发明描述了从里氏木霉中分离到的新基因序列，编码蛋白质的两个基因组成一个纤维素结合域，描述了编码阿拉伯呋喃糖苷酶和编码乙酰木聚糖酯酶的一种方法，序列 CIP1 和 CIP2 包含一个纤维素结合域，这些蛋白质在纺织和洗涤剂工业以及纸浆和造纸工业中特别有用。

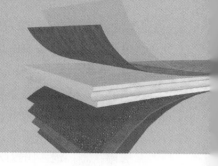

第 6 章 总结与建议

6.1 总结

(1) 专利发展趋势

木浆相关技术属于传统技术领域,技术发展起步很早,早在 20 世纪 60 年代就出现了木浆相关技术专利申请;1957—1970 年是木浆相关技术萌芽期,木浆相关技术专利量较少,技术发展缓慢;1971—2000 年是木浆相关技术的快速发展期,专利文献量迅速增长;2001 年至今是木浆相关技术稳定发展期,木浆相关技术年度专利量保持在相对稳定的水平。

(2) 国家技术实力

总体来看,美国是木浆相关技术实力最强的国家,其次是中国和日本。木浆相关技术核心专利技术主要掌握在美国,掌握了全球木浆相关技术核心专利的 91.78%。此外,澳大利亚、奥地利和瑞典也掌握有部分木浆相关技术核心专利。尽管中国的优先权专利量最多,但是专利申请基本局限于本土,海外专利布局量非常少,在木浆相关技术市场的全球竞争中仍处于不利地位。美国、奥地利、瑞典和芬兰则海外布局率比较高,绝大部分本国木地板专利均进行了海外布局,说明这几个国家的技术实力较强,专利具有较高的市场价值。

(3) 专利分布国家

全球木浆相关技术专利主要分布在中国、美国、日本和欧洲,其次是加拿大、德国、芬兰、澳大利亚、挪威,这些国家和地区的受理量之和占全球总量的 76.77%,说明这些国家和地区是木浆相关技术专利权人最关注和重视的专利布局区域。全球木浆相关技术核心专利主要分布在美国,占核心专利文献总量的 57.53%,其次是欧洲专利局和国际专利。这表明,不但木浆相关技术核心专利主要掌握在美国手中,而且受关注最多,影响最大的仍是权利人在美国申请的专利。

(4) 主要竞争者

全球木浆相关技术专利量排名前 6 的均为美国企业,分别为 GEORGIA PACIFIC 公司、INTERNATIONAL PAPER 公司、PROCTER & GAMBLE 公司、WEYERHAEUSER 公司、

DANISCO 公司和 KIMBERLY-CLARK 公司。这 6 家公司的专利量之和占全球木浆相关技术专利总量的 17.03%，核心专利量占全球木浆相关技术核心专利总量的 65.75%，是木浆相关技术领域的最强竞争者。这 6 家公司一直从事木浆相关技术专利研发活动，其专利研发具有较好的持续性，目前研发活动仍然十分活跃。近 5 年来木浆相关技术专利研发依然十分活跃的重要企业还包括奥地利 ANDRITZ AG 和日本 OJI HOLDINGS 公司。这些企业都十分重视中美欧 3 个地区的专利布局，都进行了海外专利申请。

（5）核心专利识别

截至 2020 年 5 月，全球已公开的木浆相关技术专利文献共 16798 件，从海量木浆相关技术专利文献中识别出最有价值的核心专利文献，对中国木浆相关科技创新具有重要的参考意义。本研究采用专利引文、同族专利数量和权利要求数 3 个指标的综合加权分值，我们称之为"专利重要性指数"来识别核心专利，分值采用百分制，其中专利被引数量、同族专利数量和权利要求数量的权重系数分别设定为 0.45、0.45、0.1。各个单项指标的分值计算主要采用 K 均值聚类算法，K 值设置为 100。根据本研究的核心专利识别方法，识别出全球木浆相关技术专利文献重要性指数 50 以上的专利共 73 个，作为木浆相关技术核心专利文献。这些核心专利文献中，有效专利 18 件，失效专利 44 件，国际专利文献 11 件。木浆相关技术核心专利技术分布在 1983—2012 年间，主要掌握在美国，其掌握了全球木浆核心专利的 91.78%。DANISCO、WEYERHAEUSER 和 INTERNATIONAL PAPER 三家公司掌握了全球木浆核心专利的 56.57%，是木浆相关技术领域的最强竞争者。木浆相关技术核心专利文献也主要分布在美国，占核心专利文献总量的 57.53%，其次是欧洲专利局（15.07%）和国际专利（15.07%）。

6.2　建议

中国已成为全球纸品产销大国，造纸总产量和消费量已经跃居世界首位，在世界木浆市场具有举足轻重的作用。但我国是世界上最大的木浆进口国，严重依赖进口，目前的木浆行业相关核心技术主要掌握在美国的 GEORGIA PACIFIC 公司、INTERNATIONAL PAPER 公司、PROCTER & GAMBLE 公司、WEYERHAEUSER 公司、DANISCO 公司和 KIMBERLY-CLARK 公司等企业手中。木浆相关核心技术已成为除森林资源因素之外限制中国木浆市场发展的主要制约因素之一。笔者根据数据分析研究结果，对中国木浆相关技术发展提出以下建议。

（1）以企业为主体，加强技术攻关

中国木浆相关技术专利总量并不少，但是总体质量不高，专利技术分布非常分散，与美国、日本和瑞典等国家相比，中国木浆相关技术核心专利量少，海外专利布局也少。我国木浆相关技术大而不强，主要是由于木浆相关技术创新力量不集中。面对这种情况，一方面，建议企业加强与木浆相关科研教育机构的联合创新。与木浆研究相关的高校和科研院所在木浆科技领域创新上还是具有一定技术实力的，因此加强企业与科研机构的合作，加强科技成果转化，推动木浆相关科技创新协同发展具有良好基础。木浆相关技术的协同创新首先需要探索科技资源共享机制，打造创新要素共同体，促进人才、技术和资金等创新要素跨区域流动；其次，需要探索建立协同创新的利益分享机制，充分调动科研人员参与协同创新的积极性；再次，需要构建木浆相关技术研究成果转移和产业化平台，加快技术转移扩散。另一方面，建议有一定实力的企业通过收购并购具有技术研发实力的公司提升竞争力。收并购国内外具有自主知识产权、较强的研发团队以及市场地位的相关企业，既可以直接获得大量专利技术，也可以获得具有研发实力的团队，这一方式已经逐渐成为国内企业快速提升规模、提升核心竞争力的重要途径和便捷之路。

（2）提高中国木浆企业的自主创新和知识产权意识

近年来，中国各行业企业的技术创新意识和知识产权意识均有提高，但是与我们所面临的全球形势相比，中国木浆相关技术企业的自主创新意识仍然不够深入。木浆相关技术属于应用型技术，技术创新主体是企业，只有企业自身提高自主创新能力才能在未来全球市场竞争中占得一席之地。中国木浆相关技术企业不应该仅仅寄希望于政府政策扶持、科研机构技术支持，应该提高自主创新意识和知识产权意识，只有这样才能在全球的市场竞争中获得更广阔的发展空间。

（3）充分利用专利文献资源，促进木浆行业科技创新

世界上的新技术、新发明90%以上记载在专利文献中，在应用技术研究中，经常查阅专利文献，可以缩短研究时间，节省研究费用。在研究开发工作的各个环节中注意运用专利文献，不仅能提高研究开发的起点，而且能节约40%的科研开发经费和60%的研究开发时间。世界上许多大公司、大企业在新技术、新产品的开发全过程中，毫无例外地都注意充分利用专利文献。在研究开发工作中，先进行专利文献检索，就可以做到知己知彼，避免重复研究开发和有限科技资源的浪费。木浆相关技术属于应用技术研究，更应该注重专利文献的利用。此外，全球木浆相关技术核心专利大部分已经或者即将超过专利保护期，中国木浆相关技术企业面临很好的技术创新机遇，应充分利用失效核心专利开展木浆相关技术创新。

（4）注重人才培养和人才引进，促进木浆相关技术发展

改革开放以来，伴随国民经济的持续快速发展，中国已成为全球纸品产销大国，造纸总产量和消费量已经跃居世界首位。由于木浆是造纸业的主要原材料，我国木浆相关技术的发展速度在全球纸制品市场竞争中具有举足轻重的作用。而且木浆不仅用于造纸行业，已广泛应用于其他工业部门。可见，木浆相关技术在未来的世界竞争中具有重要作用。但木浆相关核心技术主要被其他国家掌握，我国木浆相关技术创新能力薄弱，企业缺乏技术创新人才。在这样的背景下，中国木浆相关企业仅通过现有人才资源促进木浆相关技术创新发展和突破面临较大困难，因此注重培养本国人才和引进海外人才促进木浆相关技术发展已成为一个重要选择。今后发展中，国家和企业一方面注重木浆相关技术人才培养，另一方面注重木浆相关技术人才引进，充分利用人才资源，加快我国木浆相关技术创新发展。

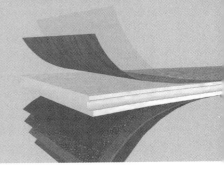

参考文献

常俊婷. 卓创观察：公共卫生事件叠加宏观因素，纸浆能否走出自己的独立行情？[J]. 中华纸业，2020
(7)：80-81.

陈燕，黄迎燕，方建国，等. 专利信息采集与分析[M]. 北京：清华大学出版社. 2006.

范月蕾，毛开云，于建荣. 核心专利指标效力研究评述[J]. 图书情报工作，2014，58(24)：121-125.

胡伟. 全球浆纸市场分析与展望[J]. 中华纸业，2019，40(7)：48-54.

李炜. 全球木浆市场展望——中国视角[J]. 造纸信息，2019(9)：31-35.

罗立国. 核心专利识别指标研究[J]. 中国发明与专利，2018(4)：63-68.

马永涛，张旭，傅俊英，等. 核心专利及其识别方法综述[J]. 情报杂志，2014，(5)：38-48，70.

祁延莉，刘西琴. 核心专利识别方法研究[J]. 情报理论与实践，2016，39(11)：5-9.

祁延莉，刘西琴. 核心专利识别方法研究[J]. 情报理论与实践，2016，39(11)：5-9.

钱过，李文娟，袁润. 识别核心专利的综合价值指数[J]. 情报杂志，2014(6)：44-48.

王海洋. 中国制浆造纸行业 2017—2020 年发展趋势展望[J]. 中华纸业，2017(01)：21-25.

王文健. 中国纸浆产业现状及趋势[J]. 中华纸业，2019，40(7)：23-26.

翁海东. 全球纸浆市场的产业结构和供需平衡[J]. 中华纸业，2019(7)：27-33.

谢萍. 核心专利识别方法研究综述[J]. 科技管理研究，2016，36(1)：147-152.

杨懋暹. 2020 年的中国造纸工业——论中国造纸工业的市场前景[J]. 纸和造纸，2004(01)：5-8.

张静. 我国木浆资源获取途径研究[D]. 北京：北京林业大学.

21st Century Pulp & Paper Llc. Liquid removal apparatus and method for wood pulp：US, US5482594A [P].
1996-01-09.

Danisco A/S. Variant EGIII-like cellulase compositions：US, US6268328B1 [P]. 2001-07-31.

Danisco A/S. Variant Hyprocrea jecorina CBH1 cellulases：US, US8232080B2 [P]. 2012-07-31.

International Paper CO. Pulp bleaching method and reactor：EP, EP512098A1 [P]. 1992-11-11.

International Paper Co. Carboxylated cellulosic fibers：US, US6471824B1 [P]. 2002-10-29.

International Paper Co. Ligno cellulosic materials and the products made therefrom：US, US20060260773A1
[P]. 2006-11-23.

International Paper Co. Process for manufacturing bleached pulp including recycling：US, US5853535A [P].
1998-12-29.

Italmatch Chem SPA. Method for the production of improved pulp：US, US20030221805A1 [P]. 2003-12-04.

Viridian Chem Pty Ltd. Treatment of lignin-containing material such as wood pulp and bagasse comprises contacting lignin-containing material with ionic liquid：BR，BR200413559A ［P］. 2006-10-17.

Weyerhaeuser Co Akzenta Paneele & Profile Gmbh. Method and apparatus for treating pulp with oxygen and storing the treated pulp：US，US4295927A ［P］. 1981-10-20.

Weyerhaeuser CO. Compressible wood pulp product：WO，WO1997047834A1 ［P］. 1997-12-18.